铝合金厚板预拉伸工艺及装备

丁华锋 著

www.waterpub.com.cn

·北京·

内 容 提 要

本书针对铝合金厚板的预拉伸工艺及其拉伸装备所面临的瓶颈问题，深入地研究了铝合金厚板的预拉伸工艺及其优化，并在预拉伸工艺的基础上，研究了万吨级拉伸机的结构强度和断带缓冲问题。主要内容包括预拉伸工艺及装备的特点及发展趋势、淬火及预拉伸消除残余应力的基本理论、对铝合金板淬火过程和残余应力的形成过程进行数值模拟、残余应力随板材厚度的变化规律、对预拉伸过程中残余应力的变化规律进行数值模拟、分析残余应力的消除技术并确定相应的锯切量、预拉伸装备的基本情况、万吨级拉伸机的结构设计、对万吨级拉伸机拉伸断带的过程进行建模和分析、对影响拉伸断带的因素进行分析、对拉伸断带的预测及预防方法、对淬火残余应力和拉伸机工作时的应力状态及断带时拉伸机受到的冲击作用进行试验研究等。

本书较为专业，可作为相关领域研究人员的参考用书，也可供相关专业高年级本科生、研究生、博士生阅读。

图书在版编目(CIP)数据

铝合金厚板预拉伸工艺及装备 / 丁华锋著. —北京：中国水利水电出版社，2018.12 （2025.4重印）
ISBN 978-7-5170-7278-2

Ⅰ. ①铝… Ⅱ. ①丁… Ⅲ. ①铝合金–金属厚板–拉伸–研究 Ⅳ. ①TG146.2

中国版本图书馆CIP数据核字(2018)第291815号

书　　名	**铝合金厚板预拉伸工艺及装备** LÜ HEJIN HOUBAN YU LASHEN GONGYI JI ZHUANGBEI
作　　者	丁华锋　著
出版发行	中国水利水电出版社 （北京市海淀区玉渊潭南路1号D座　100038） 网址：www.waterpub.com.cn E-mail：sales@waterpub.com.cn 电话：（010）68367658（营销中心）
经　　售	北京科水图书销售中心（零售） 电话：（010）88383994、63202643、68545874 全国各地新华书店和相关出版物销售网点
排　　版	京华图文制作中心
印　　刷	三河市元兴印务有限公司
规　　格	170mm×240mm　16开本　10.75印张　202千字
版　　次	2019年4月第1版　2025年4月第3次印刷
印　　数	0001—2000册
定　　价	54.00元

凡购买我社图书，如有缺页、倒页、脱页的，本社营销中心负责调换

前　言

　　高强高韧的铝合金板材在航空工业、军事工业、民用工业等领域的应用非常广泛。特别是在航空工业中，航空整体结构件通常采用高强度铝合金厚板直接铣削加工而成。为了获得高性能的铝合金板材，必须将板材经过轧制、淬火、预拉伸等工序，在这一系列的工序中铝合金板材都会存在相应的残余应力，残余应力引起的加工变形问题是航空自动化制造领域的瓶颈问题，严重制约着新型飞机的研制和生产。

　　随着国家"大飞机"项目的启动，对大断面、高质量的铝合金宽厚板材的需求变得日益迫切。高性能铝合金宽厚板材在大型飞机的机身、机翼等结构件的制造中占有相当大的比重。为了降低铝合金宽厚板残余应力水平，必须采用大型张力拉伸机对其进行拉伸处理，万吨级大型张力拉伸机是生产高性能航空级铝合金厚板产品的关键设备。因此，本书针对铝合金厚板的预拉伸工艺及其拉伸装备所面临的瓶颈问题，深入地研究了铝合金厚板的预拉伸工艺及其优化，并在预拉伸工艺的基础上，研究了万吨级拉伸机的结构强度和断带缓冲问题。本书的具体内容如下：第1章为绪论；第2章介绍了预拉伸工艺和装备的特点及发展趋势；第3章详细介绍了淬火及预拉伸消除残余应力的基本理论；第4章对铝合金板淬火过程、残余应力的形成过程进行了数值模拟，并揭示了残余应力随板材厚度的变化规律；第5章对预拉伸过程中残余应力的变化规律进行了数值模拟，分析残余应力的消除技术并确定相应的锯切量；第6章介绍了预拉伸装备的基本情况；第7章详细介绍了万吨级拉伸机的结构设计；第8章对万吨级拉伸机拉伸断带的过程进行了建模和分析；第9章对影响拉伸断带的因素进行了分析，给出对拉伸断带的预测及预防方法；第10章对淬火残余应力、拉伸机工作时的应力状态及断带时拉伸机受到的冲击作用进行了实验研究，验证前面的理论分析结果；第11章为结论与展望。

　　本书的出版得到"纯电动汽车动力系统设计与测试平台"中央引导地方科技发展专项资金、湖北省技术创新专项重大项目（2017AAA133）、湖北文理学院湖北省优势特色学科群和纯电动汽车动力系统设计与测试湖北省重点实验室开放基金的资助，在此表示衷心的感谢！感谢罗家元、李大峰、蔡奎等师兄师弟提供的宝贵素材及无私帮助。湖北文理学院新能源汽车团队的领导及同事对本书资料的收集和整理给了无私的帮助和支持，在此一并感谢！

著 者

2018 年 10 月

目　　录

第 1 章

绪 论

中国自主设计研发，具有完全自主知识产权的国产大飞机 C919 总装下线，预示着中国由制造大国向制造强国迈进一大步[1]。高品质的航空铝合金板材为国产大飞机的研制提供了有力的材料保障。在航空工业中，航空整体结构件通常采用高强度铝合金厚板直接铣削加工而成，航空级铝合金厚板材在大飞机的制造中占有相当大的比重，主要用于生产飞机的机身、机翼、尾翼和蒙皮等部件[2,3]，如图 1.1 所示。例如，国产大飞机 C919 机体铝合金材料约占机体总重量的 70%，波音 767 客机采用的铝合金约占机体结构重量的 81%，法国空中客车公司的 A380 飞机铝合金材料占到机体结构重量的 61%。同时，世界范围内的军用飞机的更新换代、工业模具及汽车行业中对铝合金的使用快速增长都需要大量的高品质航空铝合金厚板，如国产大飞机 C919 结构用材需要厚度达 200 mm 的铝合金板。

图 1.1　航空铝合金厚板及其在飞机上的应用

高品质的铝合金板材需要经过轧制、淬火、预拉伸等工艺，其中预拉伸工艺是为了降低铝合金厚板残余应力，达到航空铝合金高品质的要求[4,5]。铝合金板材越厚，其内部淬火残余应力幅值越大，进行预拉伸工艺所需的拉伸力也越大，在对厚度达到 200 mm 的铝合金厚板进行预拉伸工艺所需的拉伸力将达到 10 000 t，而此级别的大型张力拉伸机不仅技术指标高、价格昂贵而且属于敏感产品，投资巨大且难以引进。目前，世界上只有美国铝业公司（Alcoa）和德国西马克梅尔公司（SMS Meer）等有能力设计拉伸力超过 10 000 t 的大型张力拉伸机设备[6]。

我国西南铝业（集团）公司率先在国内启动与国家大飞机项目相关的厚板生产线工程，中国重型机械研究院股份公司联合重庆大学等国内多家单位，设计出最大拉伸力达到 12 000 t 的大型航空张力拉伸机，解决了我国不能生产厚度大于 80 mm 的各类厚板以及宽度大于 2 500 mm 的厚板问题，为国家大飞机项目提供强有力的材料供应支撑[3,7]。这种万吨级大型张力拉伸机的开发不仅带来自身的高技术指标研制难题，同时也对设备使用过程中的断带保护技术提出了更高要求。万吨级拉伸机在工作过程中承受巨大载荷，一旦发生断带工况（铝合金板材在预拉伸工艺过程中发生断裂），就会产生巨大的冲击力，若没有相应的缓冲装置，将造成重大损伤。所以对铝合金厚板在预拉伸过程中的断裂机理进行研究，为 12 000 t 张力拉伸机设备的断带保护设计提供理论基础，具有重要的理论意义和工程实用价值。

12 000 t 张力拉伸机是生产高品质航空铝合金板材的关键设备，由于材料中存在孔洞等缺陷，铝合金厚板在预拉伸工艺过程中不可避免地会发生断带工况，产生巨大的冲击力，对铝合金板材生产设备造成巨大损伤，甚至威胁到工人的人身安全[8]。为保障拉伸机安全正常运行，预拉伸前需对铝合金板材进行无损检测，预防断带发生，并设计专门的断带缓冲装置，以减小铝合金板材断带时造成的损伤[9]。所以，对铝合金厚板的预拉伸断裂机理的研究，显得尤为重要。而铝合金预拉伸板尺寸较大，且内部含有较大的淬火残余应力，这些都会对铝合金板预拉伸断带的机理造成影响，同时，铝合金板在预拉伸过程中承受较大夹持力也是需要考虑的因素。目前，对于铝合金板预拉伸断带机理和万吨级拉伸机断带保护技术的研究还未形成系统化的理论体系，这些领域的研究将会直接为航空铝合金板的生产工艺和万吨级拉伸机断带缓冲设计提供及时的科学参考。

高强高韧的铝合金板材在航空工业、军事工业、民用工业等领域的应用非常广泛。特别是在航空工业中，航空整体结构件通常采用高强度铝合金厚板直接铣削加工而成。为了获得高性能的铝合金板材，必须将板材经过轧制、淬火、预拉伸等工序，在这一系列的工序中铝合金板材都会存在相应的残余应力，残余应力引起的加工变形问题是航空自动化制造领域的瓶颈问题，严重制约着新型飞机的研制和生产。

对于铝合金淬火残余应力的形成机理以及消除技术，各国虽有大量人员在进行此领域的研究工作，并取得了一系列的阶段性成果，但还没有形成一个系统化的技术理论体系，特别是淬火残余应力的形成机理，学术界对此一直比较模糊。由于没有完整成熟的理论体系可以借鉴，消除淬火残余应力技术的研究还有很多的待研究内容，并且这些研究将会直接为铝合金淬火残余应力的消除和控制工艺提供急需的科学参考。

第2章

铝合金厚板淬火残余应力及预拉伸工艺

2.1 残余应力的分类、模拟及消除

2.1.1 残余应力的定义与分类

残余应力又称内应力、自有应力、残留应力等，是指在没有外力和外力矩作用下而依然存在于物体内部并维持自身平衡的应力。残余应力属于弹性应力，所以不会超过材料的屈服极限，塑性变形不均匀的区域都会出现残余应力。

1973 年，德国学者 E. Macherauch 提出的残余应力分类方法得到国内外学者的普遍认同，该分类方法将材料中残余应力分为三类。

第一类残余应力即宏观残余应力，它在材料内部较大范围或大量晶粒范围内存在并维持平衡，还作为一个矢量（大小、方向）可通过物理或机械的方法进行测量，它所维持的力和力矩平衡状态一旦受到破坏，将引起构件在宏观尺寸上的变化。

第二类残余应力称为微观结构应力，它存在于一个或少数几个晶粒范围内并保持平衡，还存在于不同相材料或不同物理属性材料间，也存在于夹杂物或复合材料基体间，它所维持的平衡状态一旦被破坏，就会引起宏观尺寸的变化。

第三类残余应力称为晶内亚结构应力，它是存在于晶粒若干原子范围内，仅在一小部分晶粒内保持平衡，它的平衡状态受到破坏不会引起宏观尺寸发生变化。

这三类残余应力的叠加即为材料内某一点的残余应力总值。在一般工程研究中，按工艺过程来命名的残余应力如轧制残余应力、淬火残余应力、拉伸残余应力、切削残余应力等实际都是宏观残余应力和微观残余应力的叠加值。因为在通常情况下，宏观残余应力与微观残余应力总是同时并存的，产生第一类残余应力

的过程中必然伴随着第二类和第三类残余应力的产生。如对铝合金板材进行拉伸消除残余应力，主要是为了减小第一类（宏观）残余应力，实际上也可减小第二、三类（微观）残余应力。在研究材料的微观结构性能时必须考虑微观残余应力，而工程设计中主要考虑宏观残余应力的影响，故本书所研究的残余应力主要是指宏观残余应力，即第一类残余应力。

■ 2.1.2　淬火残余应力数值模拟技术

淬火是改变和提高铝合金材料性能的关键热处理工艺，经过淬火工序可获得铝合金材料韧性与强度的最佳组合。在铝合金淬火过程中，由于内部温度分布不均匀导致塑性变形的不均匀而产生内应力，即淬火过程中的瞬时应力（又称淬火应力）和最后形成的淬火残余应力[10]。瞬时应力和最终残余应力一直是热处理工作者极为关注的问题，随着计算机技术和数值计算方法的快速发展，材料热处理过程的计算机数值模拟技术越来越受到认可和重视，多年来很多学者对此领域做了大量的研究工作。

金属材料热处理过程的数值模拟技术，开始于 20 世纪 70 年代，此后迅速发展[11]。20 世纪 80 年代，热处理过程的数值模拟技术有了实质性的进展。1984年在瑞典召开的第一届热处理残余应力国际会议发表了许多关于金属热处理过程数值模拟的文章，其中还出现了我国学者有关数值模拟的论文[12]。此后这样的国际会议每两年召开一次，推动了热处理过程数值模拟技术研究的迅速发展。

在国外，日本的 T. Inoue 和 D. Y. Ju 等从 20 世纪 80 年代开始研究热处理过程数值模拟的研究工作，建立了热处理数值模拟过程中考虑组织转变的热力耦合模型，并开发出专门的热处理过程数值模拟软件 HEARTS[11,13]。同时瑞典的 S. Sjostrom、英国的 A. J. Fletcher 以及法国的 S. Denis 都较早开始了热处理过程的计算机数值模拟工作[14]。

20 世纪 80 年代开始，国内也有不少学者开始热处理过程数值模拟技术的研究工作并不断延续发展，如姚善长、袁发荣等人运用数值模拟了轴对称构件的淬火过程[12,15,16]，吴景之等人对锻件加热和冷却过程中的温度场进行了数值模拟[17,18]，石林利用数值模拟技术研究了涡轮盘淬火过程中冷却速率、淬火介质流动以及残余应力的变化[19]。

数值模拟技术研究发展至今，关于热处理过程的数值模拟技术已经接近实用化水平，出现了许多商品化的通用有限元软件，如 MSC. Marc、ANSYS、DEFORM-HT 以及 ABAQUS 等，利用这些软件强大的前、后处理功能，以及方便的子程序二次开发，可实现复杂热处理过程温度场、组织场和应力场的耦合仿真。这些有限元软件在实际热处理生产过程中发挥着越来越重要的作用[20-24]。

在开始阶段，热处理过程的数值模拟技术的研究绝大多数是关于钢铁材料的热处理过程。关于钢铁材料淬火过程的数值模拟技术已经发展得较为成熟，而对于铝合金淬火过程数值模拟技术的有关研究报道则要晚很多[25,26]。

关于高强度铝合金的研究一般都与军事装备或者航空航天密切关联，故世界各国对此都有着严格的保密措施，这是这方面的研究报告一直较少的原因之一。进入 20 世纪 90 年代以来，铝合金的淬火过程数值模拟有了很大进展。1992 年，B. Aksel，W. R. Arthur 以及 R. I. Ramakrishnan 等人对 7075 铝合金板的淬火残余应力进行了数值分析[27,28]。1993 年李健对 LY12 铝合金板材淬火残余应力进行了数值模拟分析[28]。1999 年李利对 7075 铝合金板材淬火与拉伸处理前后残余应力进行了有限元数值模拟，力图寻求最佳的拉伸工艺参数[29]，同时曹金荣利用数值模拟技术研究了冷变形对 7075 铝合金模锻件淬火残余应力的影响。2000 年，D. A. Tanner 利用 ABAQUS 软件对 7010 铝合金锻件的淬火残余应力进行了数值模拟[23]。2001 年，陈昌麒、刘培英等人对铝合金的固溶过程、冷却过程、时效沉淀做了数值模拟研究[30]。2002 年朱伟对不同淬火介质温度下的 7075 铝合金厚板淬火残余应力进行了数值模拟研究，寻求最佳的应力消除与抑制方法[31]。2004 年，胡少虬、张辉等人利用 ANSYS 软件对不同淬火水温下的 7075 铝合金厚板的淬火温度场和应力场进行了数值模拟[32]。2006 年，Muammer Koc、John Culp 等人对 7050 铝合金厚板的淬火残余应力进行了数值模拟，详细描述了板材内部残余应力的分布，并与试验测试结果进行对比，验证了数值模拟的精确度[33]。2007 年，赵祖德、王秋成等人利用数值模拟技术对 7A04 铝合金构件冷水淬火、液氮深冷以及上坡淬火的瞬态温度场进行了仿真研究[34]。同时姚灿阳、吴运新等人通过对 7075 铝合金厚板淬火过程的多组数值模拟，研究了表面换热系数对工件冷却速度、内应力演变的影响规律[35]。2010 年，许晓静、韦宝存等人通过对 7085 铝合金板材淬火过程的数值模拟研究了铝合金板材尺寸、淬火介质温度对温度场、应力场和残余应力的影响[36]。同时朱才朝等人引入铝合金的高温流变应力特性，采用热力全耦合的数值模拟方法仿真了 7075 铝合金板材的淬火过程，并进行了实验验证，提高了铝合金淬火过程数值模拟的精确度[4,37,38]。

由于对铝合金淬火过程的物理基础了解还不够深入和定量化，加上没有足够完整的材料热物性数据库，目前对铝合金淬火过程的数值模拟技术研究还有大量的工作要做。

■ 2.1.3　淬火残余应力消除技术

淬火后的铝合金板材通常存在很大的残余应力场，通过采用有机介质淬火或热水淬火来消除残余应力的实际效果有限，因此在铝合金板材经过淬火工艺流程之后，必须进行专门消除残余应力的工艺作业。美、英等发达国家从 20 世纪 50 年代就开始残余应力消除技术的研究，并已形成包括时效处理法、模冷压法、深冷处理法、振动消除法以及机械拉伸法等一整套专门的残余应力消除工艺[39-41]。

1. 时效处理法

时效处理法是降低铝合金淬火残余应力的传统方法。铝合金材料对温度很敏感，提高时效温度会降低其强度指标，故淬火后时效处理通常在较低温度（200~250 ℃）下进行，其应力消除效果较差（仅为 10%~35%），该方法常与其他消除残余应力的方法结合使用，如振动时效法。

2. 模冷压法

模冷压法是针对形状复杂的铝合金模锻件，利用特制的精整模具，以受严格控制的限量冷整形来消除残余应力。其主要机理是使铝合金模锻件局部受"压缩"或"拉伸"作用而使某些部位的残余应力得以释放。该方法主要是调整铝合金模锻件的整体应力水平，它在减小某些部位残余应力的同时，也有可能增大其他部位的残余应力，模压变形过小会使消除效果不佳，而模压变形量过大则可能引起裂纹和断裂，故其局限性在实际操作中需要精确控制模压变形量。

3. 深冷处理法

深冷处理法是将含有残余应力的构件浸入液氮中一段时间，待构件内温度降至均匀后又迅速取出并喷射热蒸汽，由于急热和急冷会产生方向相反的热应力，依次可以抵消原有的残余应力场。该方法最高可降低 80% 左右的残余应力，适用于形状复杂的模锻件与铸件。

4. 振动消除法

振动消除法的工作原理是利用强力激振器，使金属结构产生振动从而引起其产生弹性变形，当构件内相应部位的残余应力与振动载荷叠加后，某些部位超过材料的屈服极限引起塑性应变，从而引起残余应力的减小和重新分布。当铝合金在淬火后 0~2h 内进行振动消除，残余应力消除效果最佳，最大可达 50%~70%。

5. 机械拉伸法

机械拉伸法消除残余应力的机理是对淬火后的铝合金板材在拉伸机上沿轧制方向施加一定量的拉伸力，当外加的拉伸力超过该金属的屈服极限后，会发生塑性变形。其实质就是破坏板材内部淬火残余应力原有的内力平衡状态，使拉伸应力与原来的淬火残余应力叠加后发生新的塑性变形，使残余应力得以释放和消减。

机械拉伸法消除残余应力的比例最高可达 90% 以上，该方法不仅是消除铝合金板材残余应力最有效、应用最广泛的方法，而且铝合金板材经过预拉伸后还保留了热处理强化合金所具有的高强度和高性能，同时也实现了优良的机械性能和加工性能。对于铝合金板材生产厂家，由于板材形状简单，该方法最为适用，且残余应力消除效果最为明显。

2.1.4　铝合金板材预拉伸工艺

由于军事战略的需要，国外尤其是美国、俄罗斯等国家在大型拉伸机装备的设计制造和预拉伸板拉伸工艺的研究等方面都远远处于领先地位。到目前为止，国外大的铝业公司（美国、德国、日本等）都具备万吨级拉伸机装备和相应的预拉伸工艺技术，也对相应的理论作过研究[13,14]。20 世纪 70 年代初，中国就开始研制预拉伸板，其中以西南铝业集团为领军企业。长期以来，我国铝加工企业受到热轧机开口度和拉伸机吨位等方面的限制，无法生产厚度完全满足用户需求的铝及铝合金预拉伸板。几十年来，西南铝业集团从拥有 400 t 拉伸机到装备 6 000 t 拉伸机，目前已研制成功的 12 000 t 拉伸机，在拉伸机的吨位方面已达到国际领先水平[6,7,42-44]。但由于工艺技术有待提高，产品的质量水平仍然和国外有较大的差距，表现为板材的表面质量、平直度、机械加工引起的变形程度等。就国内生产预拉伸板的现状而言，在品种、质量水平等方面都仍然不能完全满足航天、航空工业的需要，国家仍需进口一些高质量的预拉伸板。

铝合金板材在航天航空、军事装备等工业应用广泛，但与之相关的具体预拉伸工艺都涉及保密问题，故国内诸多军工企业对铝合金板材预拉伸工艺只能参照经验或者照搬国外部分数据。近年来，关于预拉伸工艺方面的研究也有不少学者参与进来，主要以数值模拟技术来仿真拉伸过程。如 2004 年，柯映林、董辉跃运用数值模拟分析了不同预拉伸量对 7075 铝合金厚板淬火残余应力的消除效果[45]。同时辜蕾钢、汪凌云等人数值模拟了 2024 铝合金厚板的拉伸过程，在分析应力应变分布规律的基础上对锯切区进行了预估[43]。2005 年，王桂伟、方洪渊等人对 7804 铝合金厚板生产过程中淬火、压光、拉伸过程应力场的变化和分布情况进行了数值模拟分析，以优化铝合金厚板生产过程[46]。2008 年，张园园、吴运新等人数值模拟了不同预拉伸量和不同拉伸速度对 7075 铝合金板材淬火残余应力消除效果的影响并计算了钳口夹持区域的锯切量[47,48]。2009 年，龚海等人对 7075 铝合金厚板的拉伸过程进行了数值模拟，获得拉伸后板材内部的残余应力分布规律，分析了预拉伸量对残余应力演变的影响[49]。同时吴运新等人运用 MARC 有限元软件对厚板预拉伸过程进行数值模拟分析，获得厚板沿厚度方向的残余应力分布，并结合实验阐述了预拉伸过程中横向应力削减现象，论述了横向残余应力演变的机理[50]。2010 年，廖凯、吴运新等人以 7075 铝合金厚板为研究对象，结合实验和数值模拟技术，揭示了预拉伸过程中铝合金厚板非均匀区、夹持区和过渡区应力场的演变机理与规律[51]。

2.2 铝合金板预拉伸装备

预拉伸装备是完成航空铝合金板材加工工艺的关键设备，是为航空航天工业提供所需关键铝材的重要装备，其技术水平的高低已经成为衡量一个国家铝加工业强大与否的主要标志之一[6]。1956 年，哈尔滨铝加工厂（现在的东北轻铝合金有限责任公司）建成投产，并从苏联引进两台 600 t 铝合金板材拉伸机，由于设计制造技术不成熟，生产中故障不断，使用不到一年便报废了[52]。1984 年，东北轻铝合金有限责任公司从美国加拿大铝业公司（Alcan）购买了一台 4 500 t 拉伸机，其可拉伸铝合金板材厚度达 60 mm，这台拉伸机是我国第一台投产使用的铝合金厚板拉伸机[53]。中国第一重型机械集团公司于 1970 年为西南铝加工厂（现名中铝西南铝业集团有限责任公司）设计出 6 000 t 铝合金厚板拉伸机，由于技术等原因，投产后一直未安装调试，直到 2005 年才重新启用，该拉伸机可生产厚度达 120 mm 的铝合金厚板[42]。拉伸机在使用过程中，不断进行技术改进和升级改造。随着航空航天等工业的发展，所需铝合金板材厚度已达 200 mm，预拉伸工艺所需的拉伸力达 10 000 t，国内仍要进口质量要求较高的铝合金预拉伸板材。

12 000 t 航空铝合金厚板拉伸机的研制成功，打破了国外对我国大型铝加工装备的垄断，可为国内提供紧需的高品质铝合金板材，同时也促进了我国大型铝合金加工装备的更新换代[6,7]。目前在建的大型铝合金厚板拉伸机项目有 5 个，配置拉伸机 12 台，而拟建铝加工生产线的项目更多，所需的拉伸机预计达 35 台。目前万吨级铝合金板拉伸机的设计技术还未成熟，需要对结构进行优化。

目前国内常见的拉伸机形式是 C 形结构拉伸机，如东北轻金属公司的 4 500 t 拉伸机和西南铝业（集团）有限责任公司的 6 000 t 拉伸机[53]。C 形拉伸机机头主要由 C 形板、月牙板和钳口组件组成，如图 2.1 所示。机头的主体结构是由多块 C 形板梁组合而成，一般 C 形板的厚度并不相同，通常为中间厚、两侧薄的形式对称排列。如 6 000 t 拉伸机机头由 11 块 C 形板组成，C 形板厚度包括 100 mm、150 mm、180 mm 三种。上下两块月牙板横贯在 C 形槽内，牙板安装在月牙板上，由油缸控制可在月牙板上移动，调节钳口开口度的大小，以适应不同厚度板材的拉伸。

C 形结构的机头属于闭式结构，C 形板梁是机头的主要承载部件，结构相对简单，是目前比较成熟的、国内中低吨位拉伸机普遍采用的结构形式。当要求拉伸力很大时，C 形板尺寸也相应增加，由于 C 形板为整体锻造件，受锻件生产能

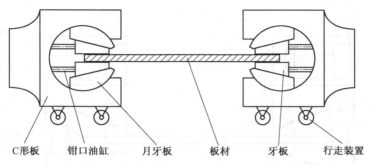

C形板　　钳口油缸　　月牙板　　板材　　牙板　　行走装置

图 2.1　C 形拉伸机机头结构示意图

力的限制，尺寸过大时就会带来加工制造的难题。

随着航空航天领域的发展，尤其是国产大飞机项目的启动，对铝合金板材的厚度要求越来越高，要生产截面尺寸大、材料性能好的航空级铝合金厚板必须有大吨位的张力拉伸机。拉伸厚度 120 mm 以下的厚板有 6 000 t 的拉伸机就能满足要求，而用于大型客机的翼梁、翼肋与框架等的材料，需要通过厚度超过 200 mm 的航空铝合金板材直接机加工而成，其预拉伸工艺必须使用拉伸力在 10 000 t 以上的重型拉伸机。在"高档数控机床与基础制造装备"科技重大专项课题"万吨级航空铝合金板张力拉伸机装备"项目的支持下，研制出国内首台 12 000 t 航空铝合金板拉伸机，打破国外铝合金生产企业对航空级的铝合金厚板产品和装备的垄断，提高国内企业自身的生产能力及装备水平，提高铝合金板材产品质量，为国产大飞机的研制在铝合金板材方面提供强有力的保障，同时增加我国铝合金板材产品在市场上的竞争力，打破国外对大吨位拉伸机关键技术的封锁，对国防军工、民用工业都有巨大的推动作用。

12 000 t 航空铝合金板拉伸机采用组合式结构的方案，如图 2.2 所示，拉伸机主要结构组成部分包括活动机头、固定机头、主拉伸油缸装置。拉伸机机头采用由顶梁、底梁、上横梁、下横梁、压套及预紧螺栓组合，解决了机头承受大吨位拉伸力后的变形问题，提高了机头的刚性[7,54]。由 8 个螺栓承受拉伸时板材对上、下横梁的张力，并且安装时对螺栓施加适当的预紧力，提高了机头的刚性。多段式组合钳口能较好地适应不同厚度、不同宽度的板材，控制各钳口的液压油缸保证了板材宽度方向上夹紧力均匀。机头上安装有辅助承重和对中装置，使板材准确夹持在机头的中间位置，防止拉伸中发生偏移，以保证拉伸板材质量。待拉伸板材吊放至合适位置，一端进入活动机头上下钳口中，控制油缸推动钳口夹紧板材。拉伸油缸推动活动机头带动板材向固定机头靠近，将板材另一端送入固定机头钳口，钳口夹紧。板材两端被夹紧后，主拉伸油缸开始拉伸板材至设定的拉伸率。

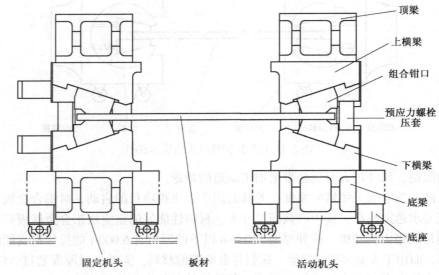

图 2.2　12 000 t 拉伸机结构简图

12 000 t 航空铝合金板拉伸机机头采用开式结构，避免了 C 形结构带来的制造难题。由 8 个螺栓承受拉伸时板材对上、下横梁的张力，并且安装时对螺栓施加适当的预紧力，提高机头的刚性。多段式组合钳口能较好地适应不同厚度、不同宽度的板材，控制各牙板的液压油缸，保证了板材宽度方向上夹紧力均匀。板材夹紧力的设定与拉伸力成正比，楔形钳口具有自锁功能，拉伸过程中夹持区域无相对滑动。机头上安装有辅助承重和对中装置，使板材准确夹持在机头的中间位置，防止拉伸过程中发生偏移，保证拉伸板材质量。钳口部分增加了缓冲过渡装置，吸收断带冲击时的能量，保护设备安全。另外，拉伸机采用设备整体浮动方式，机头通过底座安装在导轨上，可以方便地调整机头的相对位置。设备配备了先进的操控系统，具有预设延伸率和拉伸力等参数的功能，能准确测定并显示拉伸过程中各种参数。12 000 t 航空铝合金板拉伸机不仅拉伸能力大，控制精度高，而且对不同几何尺寸板材的适应度好（铝合金板材长度 1~10 m，宽度 0.9~3 m，厚度 10~200 mm），达到世界高端装备制造的先进水平[6]。

2.3　铝合金残余应力测试技术

按对构件有无破坏性而言，残余应力的测试方法可分为有损测试和无损测试两大类。

有损测试是利用机械加工或者其他方法将被测构件去除一部分，破坏残余应力所保持的原有平衡状态，使其全部或部分残余应力得到释放而产生相应的应变与位移，测定这些应变或位移，通过力学分析可反推计算出构件加工破坏处原来存在的残余应力。有损测试方法又被称为机械测试法或者应力释放法，该方法主要有剖分法、环芯法、钻孔法、剥层法与裂纹柔度法，其中技术最成熟、应用最多的是钻孔法，这些方法的区别，实质上就是释放残余应力的方式不同，从而产生了不同的测试方法。

无损测试是利用材料内部结构存在异常或缺陷而引起对热、声、光和电磁等反应的变化，来评价结构异常或缺陷。主要有 X 射线衍射法、中子衍射法、同步衍射法等，应用最广泛的是 X 射线衍射法，其余方法由于相应的测试设备比较稀缺和昂贵，工程应用上较少。

1. 剖分法

剖分法是早期最原始的残余应力测试方法，其基本思路是通过剖分材料引起残余应力释放，只有残余应力释放才能引起应变的释放，从而由测定的释放应变计算出残余应力。如图 2.3（a）所示，这是一种破坏性比较大的方法，测量时将被测部分完全分离，以使残余应力全部释放。

2. 环芯法

环芯法是改进机械加工方式的剖分法，剖分时采用特制的环芯刀，使剖分法更便于实际应用。环芯法由德国的 Milbradt 在 1951 年最早提出，其原理如图 2.3（b）所示。在一个存在一般状态残余应力场的区域表面上粘贴一片应变花，以应变花为中心加工一个环槽，使得环芯边界上的残余应力得到释放后引起环芯表面应变释放，根据应变花测定的释放应变就可以计算出残余应力的大小和方向。环芯法又称圆环法或者切槽法，目前国内外都将环芯法列为汽轮发电机组转子部件残余应力测定的标准方法。

3. 钻孔法

钻孔法又称盲孔法或小孔法，由 J. Mathar 于 1934 年最先提出，后经长期的研究和改进，目前已成为应用最为广泛的残余应力测量方法。美国材料与试验协会（ASTM）于 1981 年为其制定了测量标准，并不断修订和补充[40,55,56]。

钻孔法测量原理及相关设备示意图如图 2.4 所示，在一个存在一般状态残余应力场的区域表面上粘贴一片专用应变花，在应变花中心打一小孔，使小孔附近区域因应力释放而引起应变花丝栅区域产生释放应变，根据应变花测定的释放应变就可以计算出残余应力。其最大的优点是对被测构件损伤小，甚至不影响构件的正常使用。与钻孔法残余应力测试技术密切相关的应力释放系数也有不少学者

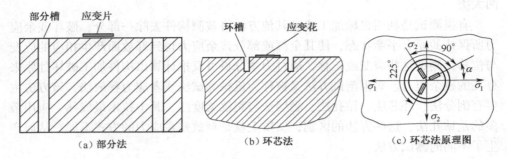

（a）部分法　　　　　　　（b）环芯法　　　　　　（c）环芯法原理图

图 2.3　剖分法与环芯法残余应力测量示意图

行了深入研究，旨在使标定的释放系数能在类似几何结构下适用于不同材质试件的测量，与此同时，关于钻孔法偏心引起的残余应力误差修正问题也有大量学者进行了研究，还有学者对钻孔法中孔与孔之间以及孔与边界之间的距离对测量精度的影响开展了研究。经过不断的改进完善，国内船舶行业已将钻孔法作为测定焊接残余应力的标准方法。

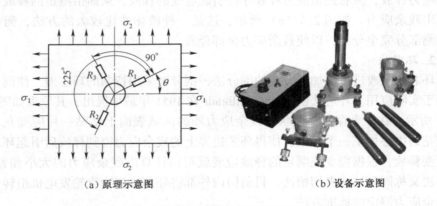

（a）原理示意图　　　　　　　　　　　　（b）设备示意图

图 2.4　钻孔法测量原理及相关设备示意图

4. 剥层法

剥层法的工作原理为：从存在残余应力的平板上去除一层材料，破坏内部残余应力的平衡状态，当它重新达到平衡时将导致平板弯曲，平板弯曲的曲率取决于材料去除部分的原始残余应力分布和材料剩余部分的弹性性能。通过逐层去除材料并测量相应去除后的曲率，平板原始残余应力的分布就可以通过计算得出。

从剥层法的工作原理可以看出该方法对材料的破坏性很大，它仅适合于几何形状简单的平板类样品，主要用于测定内部宏观残余应力，不能用于测量表面残余应力或近表层残余应力。

5. 裂纹柔度法

裂纹柔度法的测定原理为：从存在残余应力的构件表面引入一条深度逐渐加深的裂纹来释放原始残余应力，通过测定不同裂纹深度相应指定点处的应变值来计算原有残余应力。在实际实验操作中，由于裂纹不易控制，一般通过铣削或线切割等加工工艺产生一条宽度极小的窄槽来代替裂纹，从而计算被测物体沿深度方向的残余应力分布。

三维残余应力场的测试是业界的一个研究难题，裂纹柔度法最大的优点是能够测试物体内部残余应力，因此国内外学者在该方法的应用方面进行了很多有益的探索。该方法于 1971 年由 S. Vaidyanthan 与 I. Finnie 等最早提出，但由于测试过程烦琐而没有引起足够的重视。随着计算机技术的提高和数值计算方法的改进，解决了该方法在工程应用上的关键难题，使得该方法得以重新推广。如国内的朱甫金、王秋成、张旦闻以及唐志涛等利用该方法成功地测定了铝合金板材内部沿厚度分布的残余应力。

6. X 射线衍射法

X 射线衍射法的基本原理为：当材料受到力的作用产生应变会使材料晶粒中晶胞的晶面间距发生变化，通过测量晶面间距的变化来测量应变。该技术把晶格间距作为最终的度量长度而测得绝对的应力值，该方法是目前使用最为广泛的无损残余应力测试方法，由于其设备昂贵使测试成本太高，多用于国外，国内仅有少量此类研究报道。

其他如中子衍射法、同步衍射法等的工作原理与 X 射线衍射法一样，也是根据材料内部弹性变形引起晶粒中晶胞的晶面间距相对于零应力状态时的相对变化量进行应力的测定。这些无损残余应力测试方法所涉及的设备非常稀缺，测试成本非常昂贵，仅限于少数欧美国家实验室，国内尚无此类研究报道。

第 3 章

铝合金板材淬火及预拉伸
数值模拟的基本理论

3.1 引　言

　　铝合金板材已大量应用于航空飞行器整体薄壁结构件的制造，整体结构件在新型飞机中被广泛采用，为了满足航空结构件的性能和质量要求，铝合金板材必须通过淬火时效处理来获得高强韧性，因此铝合金板材淬火热处理工序对提升材料性能有着举足轻重的作用。

　　铝合金板材淬火过程作为高温热变形过程呈现较为复杂的流变特征和形变机理，实际淬火过程是一个极其复杂而又非常短促的热力耦合过程，同时交织着变化的温度场、温度变化和温度梯度引起的热胀冷缩应变场及由此产生的热应力场、热应力引起的弹性与塑性应变场、塑性变形引起的热效应与温度效应以及应变硬化、热传导等多种热力学参数变化。如此复杂的过程，采用解析法对其耦合求解是非常困难的，甚至是不可能的。

　　随着计算机技术和数值计算方法的快速发展，淬火过程的计算机数值模拟技术越来越受到认可和重视。目前淬火过程数值模拟主要有两种形式，分别为"准耦合"数值模拟和"全耦合"数值模拟。"准耦合"数值模拟只考虑温度场变化对应力场的单向影响，而忽略了潜热以及塑性应变场、塑性变形引起的热效应与温度效应等的影响；"全耦合"数值模拟则综合考虑了淬火过程中伴生的塑性变形的热效应、热应力的存在对材料热参数的影响以及应力场对温度场的影响等多种因素的相互耦合作用。有限元数值模拟铝合金淬火过程中残余应力形成机理和分布已取得相当多的研究成果，但多数研究在一定的假设条件下均忽略了铝合金高温下的流变应力特性，且数值模拟时多采用"准耦合"法进行仿真计算。

　　本章对铝合金板材淬火-拉伸过程进行数值模拟时涉及的传热学、热力学以及弹塑性力学等基本原理进行论述，推导淬火过程中温度场和应力场的有限元解法，在此基础上探讨"全耦合"与"准耦合"数值模拟铝合金淬火过程的异同点，同时阐述铝合金板材拉伸过程中通过弹塑性变形消除淬火残余应力的机理以及数值模拟拉伸过程中的有摩擦弹塑性接触问题。

3.2　淬火残余应力形成机理及其分布

铝合金淬火残余应力的产生机理及其分布一般解释如下。

（1）铝合金板材从固溶温度淬入介质中，刚开始介质与板材表层温差最大，板材表层金属急剧冷却，产生几何弹性收缩，其冷缩量应符合该材料的热胀冷缩的物理规律。

（2）但此时由于热量的传递需要时间，板材芯部还处于高温状态，尚未来得及发生冷却收缩或收缩量很小，由于板材的整体连续性，铝材表层的收缩将受到芯部的制约，因而铝材表层受到附加拉应力作用，芯部相应受到附加压应力作用，形成表层受拉芯部受压的应力分布格局［图 3.1（a）］。这种因冷收缩量不均而产生的附加应力，是一对自相平衡的内应力，淬火介质冷却速度越快，试样内的温度梯度越大，这种附加应力就越高。

（3）当表层附加拉应力持续增大并到达屈服点时，就引发塑性变形；同时芯部材料温度较高，屈服极限低，变形抗力小，附加压应力的持续增大更易引发塑性变形。

（4）随着淬火的进行，淬火工件内的温度梯度持续下降，并最终降低为零，各点的冷缩变形总量相同，但由于塑性变形的不可恢复性，使得试样表层和芯部的几何尺寸处于不均匀状态，此时由于试样整体性的限制，表层金属中残余有压应力和弹性压缩应变，芯部材料中残余有拉应力和弹性拉伸应变，形成表层受压芯部受拉的应力分布格局［图 3.1（b）］。这种宏观残余应力同样是一对自相平衡的内应力。

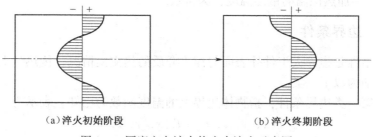

（a）淬火初始阶段　　　　　　（b）淬火终期阶段

图 3.1　厚度方向淬火热应力演变示意图

3.3　淬火过程温度场的计算

■3.3.1　温度场控制方程

淬火过程实际就是高温构件向淬火介质散热的过程。在该过程中，构件内部温度场随时间变化，故该温度场满足下述瞬态非线性热传导方程：

$$\rho c \frac{\partial T}{\partial t} = \frac{\partial}{\partial x}\left(k_x \frac{\partial T}{\partial x}\right) + \frac{\partial}{\partial y}\left(k_y \frac{\partial T}{\partial y}\right) + \frac{\partial}{\partial z}\left(k_z \frac{\partial T}{\partial z}\right) + Q \tag{3.1}$$

式中，ρ——材料的密度；

　　　c——材料的比热；

　　　T——温度；

　　　t——时间；

　　　Q——相变潜热和塑性功生成热；

k_x, k_y, k_z——材料在 x、y、z 三个方向上的热传导系数。

铝合金材料一般视为各向同性材料，则三个方向上的热传导系相同，式（3.1）可写为

$$\frac{\rho c}{k} \frac{\partial T}{\partial t} = \frac{\partial^2 T}{\partial x^2} + \frac{\partial^2 T}{\partial y^2} + \frac{\partial^2 T}{\partial z^2} + \frac{Q}{k} \tag{3.2}$$

■3.3.2　初始条件

初始条件是指初始的温度场，是数值模拟中温度场计算的出发点。铝合金淬火件从室温开始加热至给定温度，长时间保温使工件内部温度保持均匀。故其初始条件为

$$T|_{t=0} = T_0 \tag{3.3}$$

式中，T_0——加热保温的最终温度，为常数。

■3.3.3　边界条件

边界条件是指淬火工件外表面与淬火介质的热交换情况。传热学上一般将边界条件归纳为以下三类。

（1）第一类边界条件，指物体边界上的温度函数为已知，表示为

$$T(x, y, z, t) = T_0(x, y, z, t) \tag{3.4}$$

式中，$T_0(x, y, z, t)$——已知的温度函数。

（2）第二类边界条件，指物体表面的热流密度为已知，表示为

$$- k \frac{\partial T}{\partial n} = q_0(x, y, z, t) \tag{3.5}$$

式中，$q_0(x, y, z, t)$ ——已知的热流密度函数；

　　　　n ——物体表面的外法线。

（3）第三类边界条件，又称为牛顿对流边界，指物体表面与淬火介质之间的对流换热系数以及淬火介质温度为已知，表示为

$$- k \frac{\partial T}{\partial n} = h(T_w - T_f) \tag{3.6}$$

式中，h ——淬火工件与淬火介质之间的对流换热系数；

　　　　T_w ——淬火工件表面温度；

　　　　T_f ——淬火介质温度。

本书数值模拟铝合金板材淬火过程采用的是第三类边界条件，即边界条件采用式（3.6）表达。

3.3.4　淬火温度场的有限元解法

数值模拟淬火过程的传热学模型建立后，热传导方程、初始条件以及边界条件就已确定，热传导问题就化为求解在已知初始条件以及已知边界条件下的偏微分方程问题，这是一个数学问题，在十分简单的情况下，可以求解出偏微分方程的解析解。但在实际工程中，由于情况复杂而必须运用数值算法进行求解，有限元法正是被广泛采用的一种数值计算方法。

有限元法将求解区域的连续体离散成有限个单元的集合体，将连续分布的物理特性参数化为用有限个离散节点参数表示出来，并利用变分原理将热传导方程转化为与之等价的变分方程，同时对离散的单元进行变分计算，这样就将复杂的偏微分方程边值问题转化为对应的泛函求解极值问题。

对于铝合金板材的淬火问题，铝合金淬火过程中一般不发生相变，因此可令方程（3.2）中的 Q 为零。则温度场控制方程可写为

$$\frac{\rho c}{k} \frac{\partial T}{\partial t} = \frac{\partial^2 T}{\partial x^2} + \frac{\partial^2 T}{\partial y^2} + \frac{\partial^2}{\partial z^2} \tag{3.7}$$

结合初始条件式（3.3）和边界条件式（3.6），与温度场控制方程式（3.7）等价的变分方程为

$$J[T(x, y, z, t)] =$$

$$\iiint \left\{ \frac{k}{2} \left[\left(\frac{\partial T}{\partial x} \right)^2 + \left(\frac{\partial T}{\partial y} \right)^2 + \left(\frac{\partial T}{\partial z} \right)^2 \right] + \rho c \frac{\partial T}{\partial t} T \right\} dV + \iint_s h \left(\frac{1}{2} T^2 - T_f T \right) dS$$

$$\tag{3.8}$$

式中，S ——淬火工件的边界范围。

有限元法将求解区域划分成有限个单元体，单元确定后，设单元体有 n 个节点，则这 n 个节点的温度可表示为

$$\{T\}^e = \{T_1,\ T_2,\ T_3,\ \cdots,\ T_n\} \tag{3.9}$$

则该单元体内部的温度分布可通过单元节点的温度插值得到，表示为

$$T(x,\ y,\ z) = [N]\{T\}^e \tag{3.10}$$

式中，$[N]$ ——单元的形函数，$[N] = \{N_1,\ N_2,\ N_3,\ \cdots,\ N_n\}$。

$$\frac{\partial T}{\partial t} = [N]\frac{\partial}{\partial t}\{T\}^e = [N]\left\{\frac{\partial T}{\partial t}\right\}^e \tag{3.11}$$

令

$$[L] = \left\{\begin{array}{c} \dfrac{\partial}{\partial x} \\[2mm] \dfrac{\partial}{\partial y} \\[2mm] \dfrac{\partial}{\partial z} \end{array}\right\} \tag{3.12}$$

则

$$\left\{\begin{array}{c} \dfrac{\partial T}{\partial x} \\[2mm] \dfrac{\partial T}{\partial y} \\[2mm] \dfrac{\partial T}{\partial z} \end{array}\right\} = [L][N]\{T\}^e = [B]\{T\}^e \tag{3.13}$$

其中

$$[B] = [L][N]$$

则单元泛函的变分为

$$\delta J^e = \delta(\{T\}^e)^{\mathrm{T}}\iiint [B]^{\mathrm{T}}k[B]\mathrm{d}V\{T\}^e + \delta(\{T\}^e)^{\mathrm{T}}\iiint [N]^{\mathrm{T}}\rho c[N]\mathrm{d}V\left\{\frac{\partial T}{\partial t}\right\}^e$$

$$- \delta(\{T\}^e)^{\mathrm{T}}\iint_{Se} [N]^{\mathrm{T}}h[N]\mathrm{d}S(\{T\}^e - \{T_f\}^e) \tag{3.14}$$

令 $[M]^e = \iiint [B]^{\mathrm{T}}k[B]\mathrm{d}V$，

$$[n]^e = \iiint [N]^{\mathrm{T}}\rho c[N]\mathrm{d}V \tag{3.15}$$

$$\{P\}^e = \iint_{Se} [N]^{\mathrm{T}}h[N]\mathrm{d}S(\{T\}^e - \{T_f\}^e) \tag{3.16}$$

根据变分原理有 $\delta J = 0$，则单元方程为

$$\{\boldsymbol{P}\}^e = [\boldsymbol{M}]^e \{\boldsymbol{T}\}^e + [n]^e \left\{\frac{\partial T}{\partial t}\right\}^e \tag{3.17}$$

把单元方程总体合成得到整体方程为

$$\{\boldsymbol{P}\}_t = [\boldsymbol{M}] \{\boldsymbol{T}\}_t + [n] \left\{\frac{\partial T}{\partial t}\right\}_t \tag{3.18}$$

运用 Galerkin 格式对时间域离散，得

$$\left(2[\boldsymbol{M}] + \frac{3}{\Delta t}[n]\right) \{\boldsymbol{T}\}_t = \left(\frac{3}{\Delta t}[n] - [\boldsymbol{M}]\right) \{\boldsymbol{T}\}_{t-\Delta t} + 2\{\boldsymbol{P}\}_t + \{\boldsymbol{P}\}_{t-\Delta t}$$

$$\tag{3.19}$$

式中，Δt——时间步长。

在瞬态温度场的问题中，$\{\boldsymbol{T}\}_{t-\Delta t}$ 开始可认为是已知的初始温度场，以此可以算出 $\{\boldsymbol{T}\}_t$，又以 $\{\boldsymbol{T}\}_t$ 作为初始温度场，进一步算出 $\{\boldsymbol{T}\}_{t+\Delta t}$，如此周而复始，逐步递推，可求解出整个热传导过程中随时间变化的温度场。

3.4　淬火过程应力场的计算

淬火过程中温度梯度的存在使材料发生不均匀的热变形，引起材料高温下屈服而产生非均匀塑性变形，这是产生淬火残余应力的主要原因，在此过程中不存在外载荷，它涉及热弹性和热弹塑性问题。

■ 3.4.1　热弹性问题

采用增量理论建立应力增量与应变增量之间的关系，在弹性区域内，若材料的弹性模量随温度变化，则温度对弹性模量的影响会引起附加应变，记为

$$d\{\boldsymbol{\varepsilon}\}_f = \frac{\partial [\boldsymbol{D}]_e^{-1}}{\partial T} \{\boldsymbol{\sigma}\} dT \tag{3.20}$$

式中，$d\{\boldsymbol{\varepsilon}\}_f$——弹性模量随温度变化而引起附加应变的增量；

$\quad$ $[\boldsymbol{D}]_e$——弹性矩阵，决定于材料的弹性模量和泊松比；

$\quad$ $\{\boldsymbol{\sigma}\}$——应力张量。

全应变增量为

$$d\{\boldsymbol{\varepsilon}\} = d\{\boldsymbol{\varepsilon}\}_e + d\{\boldsymbol{\varepsilon}\}_T + d\{\boldsymbol{\varepsilon}\}_f \tag{3.21}$$

式中，$d\{\boldsymbol{\varepsilon}\}$——全应变增量；

$\quad$ $d\{\boldsymbol{\varepsilon}\}_e$——弹性应变增量；

$\quad$ $d\{\boldsymbol{\varepsilon}\}_T$——温度变化引起材料热胀冷缩而产生的应变增量。

$$d\{\boldsymbol{\varepsilon}\}_T = \{\boldsymbol{\alpha}\} dT \tag{3.22}$$

式中，dT——温度的变化量；

$\quad\quad \alpha$——材料的线膨胀系数；

$\quad\quad \{\boldsymbol{\alpha}\}$——材料的热膨胀向量。

若考虑弹性矩阵 $[\boldsymbol{D}]_e$ 依赖于温度 T，则

$$d\{\boldsymbol{\varepsilon}\}_e = \frac{\partial[\boldsymbol{D}]_e^{-1}}{\partial T}\{\boldsymbol{\sigma}\} dT + [\boldsymbol{D}]_e^{-1} d\{\boldsymbol{\sigma}\} \tag{3.23}$$

由此，可得弹性区域热弹性应力增量与全应变增量的关系为

$$d\{\boldsymbol{\sigma}\} = [\boldsymbol{D}]_e(d\{\boldsymbol{\varepsilon}\}_T - d\{\boldsymbol{\varepsilon}_T - d\{\boldsymbol{\varepsilon}\}_f)$$

$$= [\boldsymbol{D}]_e(d\{\boldsymbol{\varepsilon}\} - \{\boldsymbol{\alpha}\} dT - \frac{\partial[\boldsymbol{D}]_e^{-1}}{\partial T}\{\boldsymbol{\sigma}\} dT)$$

$$= [\boldsymbol{D}]_e d\{\boldsymbol{\varepsilon}\} - [\boldsymbol{D}]_e\left(\{\boldsymbol{\alpha}\} - \frac{\partial[\boldsymbol{D}]_e^{-1}}{\partial T}\{\boldsymbol{\sigma}\}\right) dT \tag{3.24}$$

$$\{\boldsymbol{C}\}_e = [\boldsymbol{D}]_e\left(\{\boldsymbol{\alpha}\} - \frac{\partial[\boldsymbol{D}]_e^{-1}}{\partial T}\{\boldsymbol{\sigma}\}\right) \tag{3.25}$$

则式（3.24）可记为

$$d\{\boldsymbol{\sigma}\} = [\boldsymbol{D}]_e d\{\boldsymbol{\varepsilon}\} - \{\boldsymbol{C}\}_e dT \tag{3.26}$$

■ 3.4.2 热弹塑性问题

在塑性区域内，全应变增量为

$$d\{\boldsymbol{\varepsilon}\} = d\{\boldsymbol{\varepsilon}\}_p + d\{\boldsymbol{\varepsilon}\}_e + d\{\boldsymbol{\varepsilon}\}_T \tag{3.27}$$

式中，$d\{\boldsymbol{\varepsilon}\}_p$——塑性应变增量。

淬火过程中，材料的屈服应力值与当时的温度有关，则等向强化的 Mises 屈服准则记为

$$\overline{\sigma} = H\left(\int d\overline{\varepsilon_p},\ T\right) \tag{3.28}$$

式中，$\overline{\sigma}$——等效应力；

$\quad\quad \overline{\varepsilon_p}$——等效塑性应变；

$\quad\quad d\overline{\varepsilon_p}$——等效塑性应变增量；

$\quad\quad \int d\overline{\varepsilon_p}$——卸载前的等效塑性应变增量；

$\quad\quad H$——表示屈服应力与等效塑性应变总量之间关系的函数，可由单向拉伸

$\quad\quad\quad$ 实验确定。

式（3.24）的微分形式为

$$d\overline{\sigma} = \frac{\partial H}{\partial\left(\int\overline{\varepsilon_p}\right)}d\overline{\varepsilon_p} + \frac{\partial H}{\partial T}dT = H'd\overline{\varepsilon_p} + \frac{\partial H}{\partial T}dT \tag{3.29}$$

其中 $H' = \dfrac{\partial H}{\partial\left(\int\overline{\varepsilon_p}\right)}$。

根据 Prandtl-Reuss 塑性流动法则：

$$d\{\varepsilon\}_p = d\overline{\varepsilon_p}\frac{\partial\overline{\sigma}}{\partial\{\sigma\}} \tag{3.30}$$

结合式（2.24）、式（2.25）、式（2.29）、式（2.33），得出

$$d\{\varepsilon\} = [D]_e^{-1}d\{\sigma\} + \frac{\partial[D]_e^{-1}}{\partial T}\{\sigma\}dT + \frac{\partial\overline{\sigma}}{\partial\{\sigma\}}d\overline{\varepsilon_p} + \{\alpha\}dT \tag{3.31}$$

式（3.31）等号两端移项并前乘 $[D]_e$，可得

$$d\{\sigma\} = [D]_e\left[d\{\varepsilon\} - \frac{\partial\overline{\sigma}}{\partial\{\sigma\}}d\overline{\varepsilon_p} - \left(\frac{\partial[D]_e^{-1}}{\partial T}\{\sigma\} + \{\alpha\}\right)dT\right] \tag{3.32}$$

式（3.32）等号两端前乘 $\left(\dfrac{\partial\overline{\sigma}}{\partial\{\sigma\}}\right)^{\mathrm{T}}$，并代入式（3.30），可得

$$d\overline{\varepsilon_p} = \frac{\left(\dfrac{\partial\overline{\sigma}}{\partial\{\sigma\}}\right)^{\mathrm{T}}[D]_e\left(d\{\varepsilon\} - \{\alpha\}dT - \dfrac{\partial[D]_e^{-1}}{\partial T}\{\sigma\}dT\right) - \dfrac{\partial H}{\partial T}dT}{H' + \left(\dfrac{\partial\overline{\sigma}}{\partial\{\sigma\}}\right)^{\mathrm{T}}[D]_e\dfrac{\partial\overline{\sigma}}{\partial\{\sigma\}}} \tag{3.33}$$

将式（3.33）代入式（3.32），可得

$$d\{\sigma\} = \left([D]_e - \frac{[D]_e\dfrac{\partial\overline{\sigma}}{\partial\{\sigma\}}\left(\dfrac{\partial\overline{\sigma}}{\partial\{\sigma\}}\right)^{\mathrm{T}}[D]_e}{H' + \left(\dfrac{\partial\overline{\sigma}}{\partial\{\sigma\}}\right)^{\mathrm{T}}[D]_e\dfrac{\partial\overline{\sigma}}{\partial\{\sigma\}}}\right)\left(d\{\varepsilon\} - \{\alpha\}dT - \frac{\partial[D]_e^{-1}}{\partial T}\{\sigma\}dT\right)$$

$$+ \frac{[D]_e\dfrac{\partial\overline{\sigma}}{\partial\{\sigma\}}\dfrac{\partial H}{\partial T}}{H' + \left(\dfrac{\partial\overline{\sigma}}{\partial\{\sigma\}}\right)^{\mathrm{T}}[D]_e\dfrac{\partial\overline{\sigma}}{\partial\{\sigma\}}}dT \tag{3.34}$$

$$
记 [\boldsymbol{D}]_p = \frac{[\boldsymbol{D}]_e \dfrac{\partial \overline{\sigma}}{\partial \{\boldsymbol{\sigma}\}} \left(\dfrac{\partial \overline{\sigma}}{\partial \{\boldsymbol{\sigma}\}}\right)^T [\boldsymbol{D}]_e}{H' + \left(\dfrac{\partial \overline{\sigma}}{\partial \{\boldsymbol{\sigma}\}}\right)^T [\boldsymbol{D}]_e \dfrac{\partial \overline{\sigma}}{\partial \{\boldsymbol{\sigma}\}}}, \quad 则
$$

$$
[\boldsymbol{D}]_{ep} = [\boldsymbol{D}]_e - [\boldsymbol{D}]_p \tag{3.35}
$$

式中, $[\boldsymbol{D}]_p$ ——塑性矩阵;

$\qquad [\boldsymbol{D}]_{ep}$ ——弹塑性矩阵。

则塑性区内热弹塑性应力增量与应变增量之间的关系可表示为

$$
\begin{aligned}
\mathrm{d}\{\boldsymbol{\sigma}\} &= [\boldsymbol{D}]_{ep}\left(\mathrm{d}\{\boldsymbol{\varepsilon}\} - \{\boldsymbol{\alpha}\}\mathrm{d}T - \frac{\partial [\boldsymbol{D}]_e^{-1}}{\partial T}\{\boldsymbol{\sigma}\}\mathrm{d}T\right) + \frac{[\boldsymbol{D}]_e \dfrac{\partial \overline{\sigma}}{\partial \{\boldsymbol{\sigma}\}}\dfrac{\partial H}{\partial T}}{H' + \left(\dfrac{\partial \overline{\sigma}}{\partial \{\boldsymbol{\sigma}\}}\right)^T [\boldsymbol{D}]_e \dfrac{\partial \overline{\sigma}}{\partial \{\boldsymbol{\sigma}\}}}\mathrm{d}T \\
&= [\boldsymbol{D}]_{ep}(\mathrm{d}\{\boldsymbol{\varepsilon}\} - \mathrm{d}\{\boldsymbol{\varepsilon}\}_T - \mathrm{d}\{\boldsymbol{\varepsilon}\}_f) + \mathrm{d}\{\boldsymbol{\sigma}\}_f
\end{aligned} \tag{3.36}
$$

其中 $\mathrm{d}\{\boldsymbol{\sigma}\}_f = \dfrac{[\boldsymbol{D}]_e \dfrac{\partial \overline{\sigma}}{\partial \{\boldsymbol{\sigma}\}}\dfrac{\partial H}{\partial T}}{H' + \left(\dfrac{\partial \overline{\sigma}}{\partial \{\boldsymbol{\sigma}\}}\right)^T [\boldsymbol{D}]_e \dfrac{\partial \overline{\sigma}}{\partial \{\boldsymbol{\sigma}\}}}\mathrm{d}T$。

$$
记 \{\boldsymbol{C}\}_{ep} = [\boldsymbol{D}]_{ep}\left(\{\boldsymbol{\alpha}\} + \frac{\partial [\boldsymbol{D}]_e^{-1}}{\partial T}\{\boldsymbol{\sigma}\}\right) - \frac{[\boldsymbol{D}]_e \dfrac{\partial \overline{\sigma}}{\partial \{\boldsymbol{\sigma}\}}\dfrac{\partial H}{\partial T}}{H' + \left(\dfrac{\partial \overline{\sigma}}{\partial \{\boldsymbol{\sigma}\}}\right)^T [\boldsymbol{D}]_e \dfrac{\partial \overline{\sigma}}{\partial \{\boldsymbol{\sigma}\}}}
$$

则式 (3.36) 可记为

$$
\mathrm{d}\{\boldsymbol{\sigma}\} = [\boldsymbol{D}]_{ep}\mathrm{d}\{\boldsymbol{\varepsilon}\} - \{\boldsymbol{C}\}_{ep}\mathrm{d}T \tag{3.37}
$$

■3.4.3 淬火应力场的有限元解法

在铝合金淬火过程中一般不发生相变,因此可忽略组织转变对应力的影响,但材料的物性参数受温度影响,因此淬火应力场的计算要利用热传导分析求得的温度场来确定材料与温度相关的物性参数。因此有限元的节点变量中须同时包含位移和温度变量。

有限元算法中,单元的类型以及单元划分数目确定后,就确定了位移模式,从而可确定形函数矩阵 $[\boldsymbol{N}]$。假设单元的节点数为 n,则单元内任意一点的位移 $\{\boldsymbol{U}\}$ 可用单元内 n 个节点的位移 $\{\boldsymbol{\delta}\}^e$ 插值来表示:

$$
\{\boldsymbol{U}\} = [\boldsymbol{N}]\{\boldsymbol{\delta}\}^e \tag{3.38}
$$

根据应变与位移之间的关系式——几何方程：

$$\{\boldsymbol{\varepsilon}\} = [\boldsymbol{L}]\{\boldsymbol{U}\} \tag{3.39}$$

其中 $[\boldsymbol{L}] = \begin{bmatrix} \dfrac{\partial}{\partial x} & 0 & 0 \\[2mm] 0 & \dfrac{\partial}{\partial y} & 0 \\[2mm] 0 & 0 & \dfrac{\partial}{\partial z} \\[2mm] \dfrac{\partial}{\partial y} & \dfrac{\partial}{\partial x} & 0 \\[2mm] 0 & \dfrac{\partial}{\partial z} & \dfrac{\partial}{\partial y} \\[2mm] \dfrac{\partial}{\partial z} & 0 & \dfrac{\partial}{\partial x} \end{bmatrix}$ 。

可得任一单元 e 的应变列向量为

$$\{\boldsymbol{\varepsilon}\}^e = [\boldsymbol{L}][\boldsymbol{N}]\{\boldsymbol{\delta}\}^e = [\boldsymbol{B}]\{\boldsymbol{\delta}\}^e \tag{3.40}$$

式中，$[\boldsymbol{B}]$ 称为 B 矩阵，$[\boldsymbol{B}] = [\boldsymbol{L}][\boldsymbol{N}]$。

同理，任一单元 e 的应变增量列向量为

$$\Delta\{\boldsymbol{\varepsilon}\}^e = [\boldsymbol{B}]\Delta\{\boldsymbol{\delta}\}^e \tag{3.41}$$

结合式（3.26）和式（3.37），以增量理论建立热弹塑性问题的物理方程：

$$\Delta\{\boldsymbol{\sigma}\}^e = [\boldsymbol{D}]\Delta\{\boldsymbol{\varepsilon}\}^e - [\boldsymbol{C}]\Delta T \tag{3.42}$$

其中弹性区域 $\begin{cases} [\boldsymbol{D}] = [\boldsymbol{D}]_e \\ \{\boldsymbol{C}\} = \{\boldsymbol{C}\}_e \end{cases}$，塑性区域 $\begin{cases} [\boldsymbol{D}] = [\boldsymbol{D}]_{ep} \\ \{\boldsymbol{C}\} = \{\boldsymbol{C}\}_{ep} \end{cases}$，求出此单元 e 的泛函并经相应的变分处理后得出

$$\left(\iiint_e [\boldsymbol{B}]^{\mathrm{T}}[\boldsymbol{D}][\boldsymbol{B}]\mathrm{d}V \right)\Delta\{\boldsymbol{\delta}\}^e = \iint_e [\boldsymbol{B}]^{\mathrm{T}}[\boldsymbol{C}]\mathrm{d}T\mathrm{d}V + \Delta\{\boldsymbol{p}\}^e \tag{3.43}$$

记

$$[\boldsymbol{K}]^e = \iiint_e [\boldsymbol{B}]^{\mathrm{T}}[\boldsymbol{D}][\boldsymbol{B}]\mathrm{d}V \tag{3.44}$$

$$\Delta\{\boldsymbol{R}\}^e = \iint_e [\boldsymbol{B}]^{\mathrm{T}}[\boldsymbol{C}]\mathrm{d}T\mathrm{d}V \tag{3.45}$$

式中，$[\boldsymbol{K}]^e$——单元刚度矩阵；

  $\{\boldsymbol{R}\}^e$——等效节点热载荷，相当于因温度变化而施加于节点的假想节点力；

  $\Delta\{\boldsymbol{R}\}^e$——等效节点热载荷的增量；

  $\Delta\{\boldsymbol{p}\}^e$——单元节点所受到的外力的增量。

则单元平衡方程为

$$[K]^e \Delta \{\delta\}^e = \Delta \{R\}^e + \Delta \{p\}^e \tag{3.46}$$

将求解区域内各个单元的刚度矩阵集合形成一个整体刚度矩阵，同时把作用于各单元节点的节点力向量增量组集成整体的节点载荷向量增量：

$$[K] = \sum_1^{NE} [K]^e \tag{3.47}$$

$$\Delta \{R\} = \sum_1^{NE} \Delta \{R\}^e \tag{3.48}$$

$$\Delta \{p\} = \sum_1^{NE} \Delta \{p\}^e \tag{3.49}$$

则整体平衡方程为

$$[K] \Delta \{\delta\} = \Delta \{R\} + \Delta \{p\} \tag{3.50}$$

对整体平衡方程式（3.50）求解，就可得到整个求解区域内各节点的位移变量增量 $\Delta\{\delta\}^e$。将计算出的 $\Delta \{\delta\}^e$ 代入式（3.41）可得到单元的应变增量 $\Delta\{\varepsilon\}^e$，把计算出的 $\Delta\{\varepsilon\}^e$ 代入物理方程式（3.42）可得到单元的应力增量 $\Delta\{\sigma\}^e$。

求解过程中，由式（3.35）和式（3.36）可知 $[D]_{ep}$ 含有等效应力 $\overline{\sigma}$ 项，说明弹塑性矩阵和当时的应力水平有关，故式（3.50）是非线性的，求解该方程时需进行线性化，常用的方法有初应力法、初应变法、增量变刚度法等，其具体求解方法详见参考其他文献。

3.5　淬火过程温度场与应力场的耦合问题

以位移分量表示的热力平衡方程：

$$\left. \begin{array}{l} (\lambda + G) \dfrac{\partial e}{\partial x} + G \nabla^2 u - \beta \dfrac{\partial t}{\partial x} + X = 0 \\[2mm] (\lambda + G) \dfrac{\partial e}{\partial y} + G \nabla^2 v - \beta \dfrac{\partial t}{\partial y} + Y = 0 \\[2mm] (\lambda + G) \dfrac{\partial e}{\partial z} + G \nabla^2 w - \beta \dfrac{\partial t}{\partial z} + Z = 0 \end{array} \right\} \tag{3.51}$$

式中，X，Y，Z——单位体积的体积力在 x、y、z 轴上的分量；

∇^2——拉普拉斯算子，$\nabla^2 = \dfrac{\partial^2}{\partial x^2} + \dfrac{\partial^2}{\partial y^2} + \dfrac{\partial^2}{\partial z^2}$；

λ ——拉梅常数，$\lambda = \dfrac{E\mu}{(1 + \mu)(1 - 2\mu)}$；

G ——剪切弹性模量，$G = \dfrac{E}{2(1 + \mu)}$；

u、v、w —— x，y，z 轴上的位移分量；

e ——体积应变，$e = \dfrac{\partial u}{\partial x} + \dfrac{\partial v}{\partial y} + \dfrac{\partial w}{\partial z}$；

β ——热应力系数，$\beta = \alpha(3\lambda + 2G)$。

当物体因热载荷作用而发生状态变化时，假设是一个准稳定问题，即认为热载荷是缓慢施加的，在从一个稳定状态到下一个稳定状态的整个过渡过程均视为平衡状态，因此忽略了加速度项的影响，在此前提下，热传导方程和平衡方程各自独立，温度场按传统的傅立叶导热方程式求解。

$$\lambda \, \nabla^2 T = \frac{\partial Q_1}{\partial \tau} \tag{3.52}$$

式中，T ——温度；

Q_1 ——求解域与外界的热流量。

位移分量可按式（3.51）单独求解，两者并无耦合，这是"准耦合"法数值模拟淬火过程的求解方法，即将温度场和应力场分两步计算。

但淬火过程中，不仅温度场随时间变化，物体的变形也随时间变化，因此必须在平衡方程中考虑加速度项的影响，且因为铝合金高温下的流变应力特性，其高温下的应力、应变关系中也加入了应变速率 $\dot{\varepsilon}$ 的影响，同时物体的变形与热相互转化，其温度场分布不仅与吸热量相关，还与变形有关。

此时考虑热弹塑性物体微元体变形后的导热方程，即修正的傅立叶热传导方程式为

$$\lambda \, \nabla^2 T = C_\varepsilon \frac{\partial T}{\partial \tau} + T_0 \beta \frac{\partial e}{\partial \tau} \tag{3.53}$$

式中，T_0 ——初始温度；

C_ε ——定容比热，$C_\varepsilon = \dfrac{\mathrm{d}Q_1}{\mathrm{d}T}$。

式（3.53）中包含三个位移分量和一个温度量，因此不能独立求解。必须将式（3.53）和平衡方程（位移方程）式（3.51）的三个方程联立才能求解。这类问题中，温度场和应力场相互影响，形成耦合关系，这是"全耦合"法数值模拟淬火过程的求解方法。

3.6　预拉伸过程中的弹塑性问题

▊3.6.1　预拉伸消除残余应力的机理

　　预拉伸工艺消除残余应力的机理是：对淬火后的铝合金板材在拉伸机上给予 1%～3% 的塑性变形，实质上就是使板材内部的残余应力重新分布，趋向均匀。无论是受压应力的表层金属，还是受拉应力的内层金属，在受到外力的作用后都将发生变形，当外加的拉伸力超过该金属的屈服极限后，就发生塑性变形。由于板材的内层金属原来就具有残余拉应力，所以它首先达到屈服点进入塑性变形，这就造成了内层金属的变形速度快于表层金属，但是由于板材仍是一个整体，表层金属将牵制内层金属的变形，故在塑性变形发生后，表层金属施加给内层金属的是阻止其拉伸变形的阻力（方向与拉伸力相反），即内层金属受到压应力作用，同时表层金属受到内层金属的反作用力，即表层金属受到拉应力作用，这正好和淬火后的板材的残余应力符号相反。当外力去除后，板材弹性应变松弛，此时板材中残余应力就是淬火后残余应力与拉伸变形时所产生的内应力相互抵消后的结果。

　　在机械拉伸铝合金板材的过程中，在弹性范围的应力应变关系符合广义 Hooke 定律，基于 Mises 屈服准则，当应力满足下式时就会发生塑性变形。

$$\overline{\sigma} - H\left(\int d\overline{\varepsilon}_p\right) = 0 \tag{3.54}$$

式中，$\overline{\sigma}$——等效应力；

　　　$\overline{\varepsilon}_p$——等效塑性应变；

　　$d\overline{\varepsilon}_p$——等效塑性应变增量；

　$\int d\overline{\varepsilon}_p$——卸载前的等效塑性应变增量；

　　H——表示屈服应力与等效塑性应变总量之间关系的函数，可由单向拉伸
　　　　　实验确定。

　　当应力超过屈服极限后，塑性区域要按增量理论来计算，此时总的应变量分为两部分：

$$d\{\boldsymbol{\varepsilon}\} = d\{\boldsymbol{\varepsilon}_e\} + d\{\boldsymbol{\varepsilon}_p\} \tag{3.55}$$

式中，$d\{\boldsymbol{\varepsilon}\}$——总应变增量；

d$\{\boldsymbol{\varepsilon}_e\}$——弹性应变增量；

d$\{\boldsymbol{\varepsilon}_p\}$——塑性应变增量。

根据 Prandtl-Reuss 塑性流动增量理论，其表达式为

$$d\{\boldsymbol{\varepsilon}_p\} = d\overline{\varepsilon}_p \frac{\partial \overline{\sigma}}{\partial \{\boldsymbol{\sigma}\}} \qquad (3.56)$$

式中，$\{\boldsymbol{\sigma}\}$——应力张量。

铝合金板材的拉伸过程，即为铝合金板材的内力平衡过程，这一过程满足如下平衡方程式：

$$\int_{-L/2}^{+L/2} d\sigma \, dz = 0 \qquad (3.57)$$

式中，$d\sigma$——每个时间间隔内厚度方向上每点处的应力增量；

　　　z——板材厚度方向（Z 向）坐标；

　　　L——板材厚度。

依据弹塑性连续法则，计算各时间间隔内的应力、应变增量，从而推得全厚度内的应力、应变增量。关于利用有限元法数值模拟铝合金板材拉伸过程中应力场的过程和方法，与求解淬火过程中应力场的过程和方法相似，此处不再重述。

由预拉伸消除残余应力的机理可以看出不同的拉伸量产生的内应力不同，从而应力的抵消效果不同，所以拉伸量有优化的必要。

3.6.2　有摩擦弹塑性接触问题

数值模拟铝合金板材拉伸过程中，夹钳对铝合金端部的约束涉及的是有摩擦弹塑性接触问题。

对于相互接触并发生塑性变形的两个物体，根据虚功方程，可推出弹塑性接触问题的基本方程为

$$[K(u)]\{u\} = \{P\} + \{R(u)\} \qquad (3.58)$$

式中，$[K(u)]$——接触对系统的刚度矩阵，此刚度矩阵是位移向量 u 的函数；

　　　$\{u\}$——节点位移向量；

　　　$\{P\}$——外载荷向量；

　　$\{R(u)\}$——接触力向量，它是位移向量 u 的函数，通过接触迭代过程求解。

用 r 和 u 分别表示局部坐标系下（n，t）的第 i 个接触点 j 方向上的接触力和位移分量，1、2 表示接触对中的主动体和从动体，则迭代过程中的接触状态为

$$连续状态 \begin{cases} r_{ij}^2 = -r_{ij}^1 \\ u_{in}^2 = u_{in}^1 + \delta_{in} (j=n,\ t) \\ u_{it}^2 = u_{it}^1 + \delta_{it} \end{cases} \quad (3.59)$$

$$滑动状态 \begin{cases} r_{ij}^2 = -r_{ij}^1 \\ u_{in}^2 = u_{in}^1 + \delta_{in}\ (j=n,\ t) \\ R_{it} = \pm\mu\,|R_{in}| \end{cases} \quad (3.60)$$

$$分离状态 \quad r_{ij}^2 = r_{ij}^1 = 0(j=n,\ t) \quad (3.61)$$

式中，μ ——接触面摩擦系数；

δ_{in} ——接触点 i 在法向上的初始间隙；

δ_{it} ——接触点 i 在切向上的初始间隙；

R_{in} ——接触点 i 在法向上的接触力；

R_{it} ——接触点 i 在切向上的接触力。

3.7 本 章 小 结

目前淬火残余应力的实验测定分析研究成本高，且不能全面反映淬火残余应力分布情况。数值模拟可全面反映最终残余应力的分布，在研究铝合金淬火残余应力领域有着明显的优越性。

（1）论述了铝合金板材淬火–拉伸过程中涉及的传热学、热力学以及弹塑性力学等基本原理，推导了淬火过程中瞬态温度场和应力场的有限元计算方法，比较分析了温度场与应力场的"准耦合"和"全耦合"求解方法的区别，确定铝合金淬火过程的全耦合数值模拟方法。

（2）分析了机械拉伸法消除铝合金板材淬火残余应力的机理，并依此确定出通过改变拉伸率从而提高机械拉伸法消除淬火残余应力效果这一技术路线。

（3）阐述了数值模拟铝合金板材拉伸过程涉及的有摩擦弹塑性接触问题，为铝合金板材拉伸后锯切量的量化研究奠定了基础。

第4章

铝合金板淬火过程数值模拟

4.1 引　言

铝合金淬火热处理过程中淬火工件内部的温度场、弹塑性应变场以及应力场等都存在着复杂的非线性变化，且由于淬火过程涉及高温状态，若要对淬火实物的温度、应变、应力等参数作在线监控测量，在当前技术条件下是不可能的。因此对淬火过程进行精确的测量和定量的描述十分困难，甚至是不可能的。这也是学术界对于高强度铝合金淬火残余应力的形成机理一直比较模糊的原因之一，因缺乏对其形成机理的深入理解，在消除和控制淬火残余应力的技术方面很难获得新的突破。

目前与淬火相关的实验测定分析方法多是针对最终淬火残余应力的大小和分布，测量结果也仅多限于局部区域，不能全面反映铝合金板材的残余应力分布。数值模拟可将淬火热处理过程中的各种物理现象和零件的几何造型有机地结合起来，实现动态的、逼真的模拟，全面反映淬火过程中的各物理量的变化规律。

本章引入铝合金的流变应力特性曲线对 7075 铝合金淬火过程进行温度场和应力场的热力"全耦合"数值模拟，开展铝合金淬火残余应力的分布规律、铝合金淬火过程中各物理量的变化规律以及厚度变化对淬火残余应力影响规律的研究，揭示铝合金无相变冷却过程中塑性应变引发残余应力的过程和物理机制。通过这种深入细致的基础研究，获得对铝合金淬火残余应力形成过程更清晰的理解，由此为制定工艺以及研发新的残余应力控制技术提供科学参考。

4.2 铝合金材料性能参数

■ 4.2.1 铝合金高温流变应力特性

一定变形程度、变形温度及变形速率条件下的屈服极限称为材料的流变应力，热变形流变应力是高温下材料的塑性指标之一，实际上是考虑了材料应变硬化效应而定义出的一个虚拟屈服应力，在材料化学成分和内部组织一定的情况下，主要受变形温度、应变和应变速率的影响，是变形过程中材料性能变化与内部显微组织演变的综合反映。

在铝合金热变形过程中，其显微组织演变是一个极其复杂的过程，呈现较为复杂的流变特征与形变机理，与钢铁等金属材料类似，在高温下铝合金热变形过程中流变应力 σ 的变化强烈地取决于变形温度 T、应变量 ε、应变速率 $\dot{\varepsilon}$、化学成分 C 以及显微组织结构 S 等因素，通常可表示为

$$\begin{cases} \sigma = f(T, \varepsilon, \dot{\varepsilon}, C, S) \\ \mathrm{d}S/\mathrm{d}t = g(T, \varepsilon, \dot{\varepsilon}, C) \end{cases} \tag{4.1}$$

在实际热变形过程中，材料的化学成分基本不会变化，可用特定的材料常数来表征，且显微组织结构受到具体热变形条件的制约，因此式（4.1）可简化为

$$\sigma = f_1(T) \cdot f_2(\varepsilon) \cdot f_3(\dot{\varepsilon}) \tag{4.2}$$

式（4.2）的具体形式随热变形方式和材料的不同而改变，需要根据实验及生产实践确定最佳的数学模型。以式（4.2）作为理论基础，研究者利用热模拟技术相继测定了一系列用于描述铝合金高温流变应力行为的数据曲线，并在此基础上建立了对应的本构方程。

图 4.1 所示为 7075 铝合金流变应力曲线。

从图 4.1 可以看出，变形温度和应变速率的变化明显影响 7075 铝合金变形力的大小，7075 铝合金在高温下变形时发生了软化现象，且软化超过了硬化。变形抗力随着变形温度的不断升高而逐渐下降，其原因可解释为：变形温度的升高使金属原子的活动势能增强，则原子间的结合能减弱，此时原子处于一种高势能且极不稳定的状态，就容易向低势能状态转变而发生变形。同时可以看出应变速率的增加，变形抗力峰值及稳态值随之增大，高温时应变速率对变形抗力的影响尤其明显，该现象可解释为：应变速率的增加意味着位错运动速度加快，必然需要更大的切应力，则变形抗力必然要增大，并且应变速率增加，就没有足够的

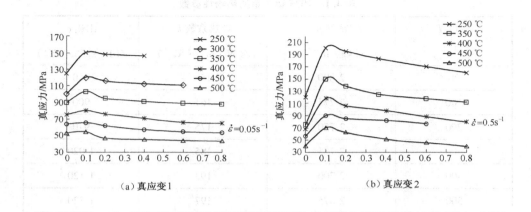

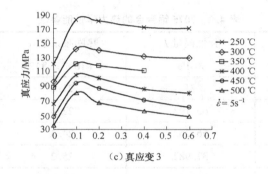

图 4.1　7075 铝合金流变应力曲线

时间发展软化过程，这也促使应变抗力增大。

在进行有限元数值模拟时，采用分段线性法将式（4.2）的本构关系曲线输入到数值模拟的材料本构关系模型中，通过输入一系列精确点，利用插值法即可把铝合金在高温淬火过程中的应力与应变关系曲线准确地描述出来。

4.2.2　铝合金材料与温度相关的参数

在数值模拟淬火过程中，7075 铝合金材料的热物性参数以及热力学性能参数很多都随温度的变化而变化，主要考虑了如下几个因素。

（1）热物性参数如密度、弹性模量、导热系数、比热容以及热膨胀系数等均随着温度的变化而变化。其中密度、导热系数以及比热容与温度的关系数据取自文献［57］，弹性模量与温度的关系数据以及热膨胀系数取自文献［45］，具体采用的数据如表 4.1 和表 4.2 所示。

表 4.1 7075 铝合金的热物性参数

温度 T /℃	密度 ρ /(kg·m^{-3})	导热系数 k /(W·m^{-1}·℃$^{-1}$)	比热 c /(J·kg^{-1}·℃$^{-1}$)
20	2 800	155	850
100	2 775	161	900
200	2 750	175	970
300	2 725	185	1 020
400	2 700	193	1 120
500	2 675	197	1 320

表 4.2 7075 铝合金的热力学性能参数

温度 T /℃	弹性模量 E /GPa	热膨胀系数 α /(10^{-6}·℃$^{-1}$)	泊松比 μ
20	71	21.6	
100	65.193	23.4	
200	56.262	24.3	0.3
300	37.982	25.2	
400	31.5	30.7	
500	25	31.4	

（2）淬火介质换热系数为温度的函数。在淬火过程的数值模拟研究中由于淬火介质与淬火零件之间换热系数的获取很困难，往往采用的换热系数为常数，而实际淬火过程中的换热系数是随温度变化的。本书所采用的淬火介质为常温下的水，考虑温度对换热系数的影响，其数据取自文献［33］，如表 4.3 所示。

表 4.3 7075 铝合金板材水淬换热系数

铝板温度 T/℃	20	100	200	300	400	500
换热系数 h/(W·m^{-2}·℃$^{-1}$)	1 000	3 800	16 000	17 600	23 400	28 000

换热系数随温度变化可解释为：当淬火开始时，淬火介质（水）的温度为

20 ℃，水被迅速汽化，产生的气泡带走大量热量，此时换热系数很高；当淬火材料温度下降到一定程度，产生的气泡逐步变少，则换热系数也逐步变小；当淬火材料温度下降一定值以后，不再产生气泡，而是在淬火材料表面形成一层蒸汽膜，该蒸汽膜隔绝了水和铝板的热量交换，则热量无法及时排出，此时换热系数进一步降低；随着淬火材料温度的继续下降，蒸汽膜逐渐破裂减少，进入淬火材料与水热对流阶段，换热系数继续减小，当淬火材料温度降为 100 ℃ 以下时，为自然冷却。

（3）高温下，材料具有高温流变应力特征，其塑性应力应变关系不仅与温度有关，还与应变速率有关，该数据参考文献［32］和［58］的实验数据，详见图 4.1。

4.3　铝合金板材淬火过程的数值模拟

为了与实验时铝合金小试件材料尺寸保持一致，数值模拟采用的材料为7075 铝合金，板材尺寸规格（长×宽×高）为 280 mm×26 mm×12 mm，如图 4.2所示。

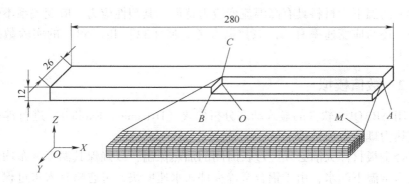

图 4.2　铝合金淬火板材结构图

图 4.2 中 O 点为整个板材的中心点，A 点为垂直于 X 轴方向（长度方向）上外表面的中心点，B 点为垂直于 Y 轴方向（宽度方向）上外表面的中心点，C 点为垂直于 Z 轴方向（厚度方向）上外表面的中心点，M 点为上外表面中心线与端面的交点。

■ 4.3.1　数值模拟基本假设及主要参数

与钢铁材料是通过淬火达到引发相变的目的不同的是，铝合金淬火的目的是抑制相变而保留固溶处理后的过饱和状态，铝合金淬火过程中一般不发生相变。淬火前残余应力在铝合金板材加温过程中应力进行了重新平衡，因此对于淬火时残余应力的影响很小。

1. 数值模拟时的假设条件

（1）材料视为各向同性的弹塑性材料。

（2）不考虑淬火过程中的相变问题。

（3）淬火前初始应力状态为零应力状态。

（4）淬火介质温度始终保持恒定。

（5）忽略淬火转移时间，即不考虑淬火工件从出炉到完全接触淬火介质过程中与空气的热量交换。

（6）忽略淬火工件进入淬火介质的过程，即淬火工件外表面同时与淬火介质完全接触。

2. 数值模拟时的主要考虑

（1）热物性参数如密度、弹性模量、导热系数、比热容以及热膨胀系数均随着温度的变化而变化。其中密度、导热系数以及比热容均与温度的关系数据详见表 4.1，弹性模量、热膨胀系数与温度的关系数据详见表 4.2。

（2）淬火介质换热系数为温度的函数，其数据详见表 4.3。

（3）高温下，材料具有高温流变应力特征，其塑性应力、应变关系不仅与温度有关，还与应变速率有关，该数据参考文献［32］和［58］的实验数据，详见图 4.1。

■ 4.3.2 数值模拟

采用 ABAQUS 软件的显式动态分析模块（Dynamic，Explicit）进行淬火过程的直接热力耦合数值模拟。

铝合金板材淬火前必须经过长时间的加热保温，以确保其温度分布均匀。淬火介质为常温下的水，由于铝合金淬火件入水速度快，可忽略其入水过程，即认为铝合金淬火件外表面与淬火介质是同时进行热量交换的。这说明其初始条件和边界条件都是对称的，且由于铝合金板材结构对称，为了减少数值模拟的计算量，取铝合金板材 1/8 结构进行三维建模。建模对象与实验试件尺寸规格一致，采用减缩积分八节点六面体温度-位移耦合单元（C3D8T，coupled temperature-displacement）划分网格。

淬火铝合金板材的有限元模型如图 4.3 所示。淬火工件与淬火介质的热交换边界面已在图 4.3 中标出，另外三个外表面即为 1/8 结构的三个对称面，其位移边界条件是在这三个对称面上采用对称约束，只限制了铝合金板材的刚体运动，不影响淬火过程中铝合金板材的变形。

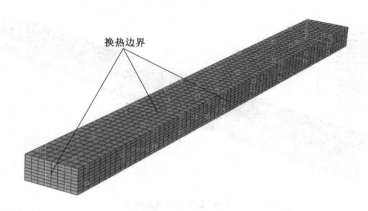

图 4.3 淬火铝合金板材的有限元模型

数值计算时采用自适应控制时间步长，模拟过程依照实际淬火工况：模型初始温度为 473 ℃，于 26 ℃ 的水中进行淬火，因淬火过程是在充满淬火介质（水）的大池中进行的，故可认为淬火介质温度是恒定的。

图 4.4 所示为淬火完毕后的淬火残余应力（X 方向残余应力 S_{11} 和 Y 方向残余应力 S_{22}）分布云图。从图中可以看出数值模拟的淬火残余应力均表现为"外压内拉"分布，其中 S_{11} 的范围在 $-139.5 \sim 146.3$ MPa，S_{22} 的范围在 $-142.9 \sim 118.4$ MPa。

图 4.5 所示为以等值线分别描述试件 1/8 结构上的淬火残余应力的分布。从图中可以看出数值模拟的淬火残余应力在厚度方向上残余应力呈现层与层之间连续变化，而上表面长度方向中心线 CM 处于最外层上，该层为出现较大残余压应力区域（接近或者等于残余压应力极值）。所以实验测量中沿着 CM 布点测试，基本可以测量出试件最大淬火残余压应力值。

路径 CM 上数值模拟残余应力分布如图 4.6 所示。

从图 4.6 中可以看出数值模拟的淬火残余应力中厚度方向残余应力 S_{33} 远小于其他两个方向残余应力，这与文献［34］中的规律一致，且吻合了盲孔法测试残余应力的原理基础——平面应力状态。

为了比较两种数值模拟方法仿真出的铝合金板材内部残余应力分布，采用准耦合法数值模拟了上述实验中的淬火工况，结合全耦合法数值模拟结果对厚度方向（表面至中层）的残余应力进行了对比，如图 4.7 所示。

从图 4.7 可以看出，两种耦合法数值模拟出的厚度上残余应力分布特征较为相似，其中残余应力极值（最大压应力与最大拉应力）的数值大小有

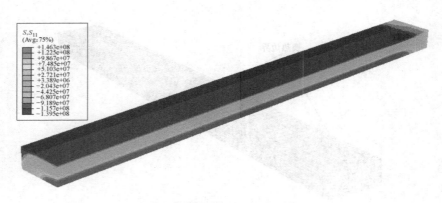

（a）长度方向残余应力

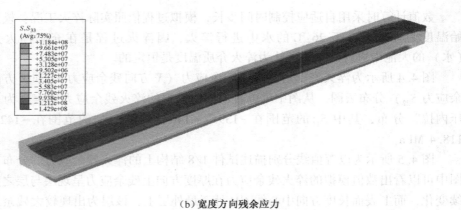

（b）宽度方向残余应力

图4.4　淬火残余应力分布云图

一定误差。准耦合法模拟出的厚度方向（表面至中层）残余应力分布为单调变化，而全耦合法模拟出的厚度方向（表面至中层）残余应力分布为非单调变化，考虑其在厚度上的对称性，厚度上残余应力分布呈现"W"形分布，这与相关文献中实验测试结果更加吻合，如文献［88］利用裂纹柔度法和文献［114］利用改进剥层法实验测量出的厚度上残余应力分布曲线都呈现出"W"形分布，可见考虑了铝合金流变应力特性的全耦合模拟方法更接近实际情形。

究其原因，准耦合法数值模拟是将温度场和应力场分两步计算，将预先计算完毕的温度场来计算应力场，则温度场和温度梯度单调变化决定了应力场的单调

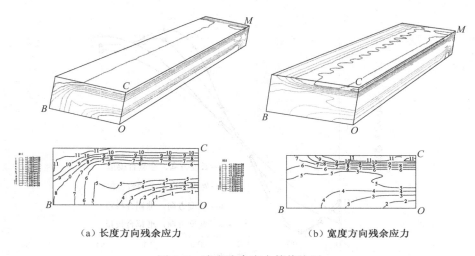

（a）长度方向残余应力　　　　　　（b）宽度方向残余应力

图 4.5　淬火残余应力等值线图

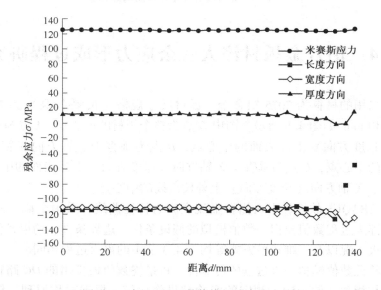

图 4.6　路径 *CM* 上数值模拟残余应力分布

变化；而全耦合法数值模拟中引入了铝合金的流变应力特性，应力场不再只由温度场决定，淬火过程中的瞬时应变速率也影响了应力场的变化，且淬火过程中温度场和应力场相互影响，导致最终的应力场不再单调变化，其变化更接近实际淬火过程。

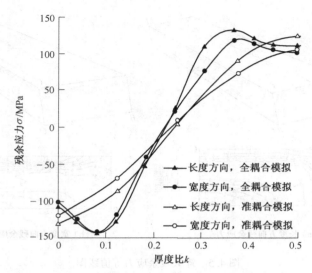

图 4.7　厚度上残余应力分布曲线的比较

4.4　铝合金板材淬火残余应力形成过程研究

本书采用的材料为 7075 铝合金，板材尺寸规格（长×宽×高）为 280 mm×160 mm×40 mm，如图 4.8 所示。图中 O 点为整个板材的中心点，A 点为垂直于 X 轴方向（长度方向）上外表面的中心点，B 点为垂直于 Y 轴方向（宽度方向）上外表面的中心点，C 点为垂直于 Z 轴方向（厚度方向）上外表面的中心点，D 点为平行于 X 轴方向（长度方向）上外棱角线的中心点。

利用 ABAQUS 软件，引入铝合金流变应力特性曲线，采用全耦合法进行铝合金板材淬火过程数值模拟，数值模拟的假设条件、边界条件、约束条件、材料参数、淬火工况以及三维建模方式等均与 4.3 节中的淬火过程相同。

为了验证数值模拟淬火过程的可靠性，将最终数值模拟出的 OC 路径上残余应力分布与相关文献［59］测定的实验结果作比较。根据对称原理，铝合金板材厚度上残余应力分布如图 4.9 所示。

从图 4.9 可以看出，数值模拟出的厚度上残余应力分布曲线与实验测试出的分布曲线在变化趋势上较为相似，只是数值大小有一定误差，其中一个原因是实验数据所展示的残余应力是经过时效之后测得的，故残余应力有所减小。厚度方向残余应力分布的数值模拟结果以及实验测试结果均呈"W"形曲线分布，铝

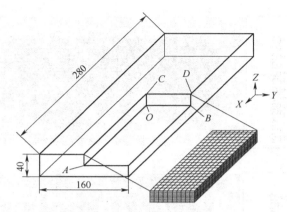

图 4.8　铝合金板材结构及布点示意图（单位：mm）

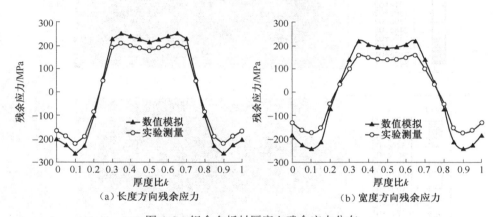

（a）长度方向残余应力　　　　　　　　（b）宽度方向残余应力

图 4.9　铝合金板材厚度上残余应力分布

合金厚板淬火残余应力的极值（最大压应力和最大拉应力）不是出现在板材外表层或者板材中面上，而是出现在次表层和次中面上，全耦合的数值模拟方法准确地模拟出了这一非单调变化趋势，说明数值模拟铝合金淬火过程接近实际情形。

■ 4.4.1　淬火过程中的温度场

数值模拟时有限元模型只取了 1/8 的结构进行建模，为了直观观察淬火温度场的变化情况，采用对称原理展现整个板材的温度场。图 4.10 所示为面 OBDC 不同淬火时刻的温度场分布云图。

在面 OAC 上也有类似于图 4.10 的温度分布规律。并且在时间上是同步的。从图 4.10 中可以看出在铝合金板材淬火初始阶段（如 1.5 s 时刻）温度场呈现一

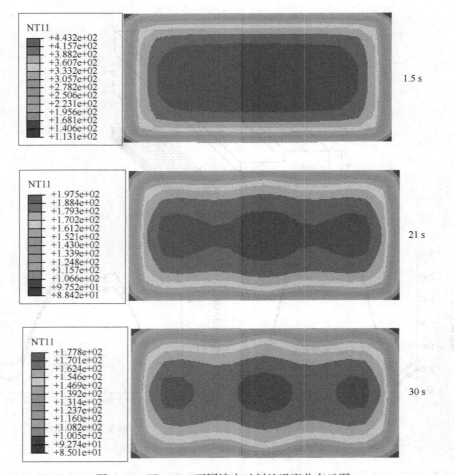

图 4.10　面 *OBDC* 不同淬火时刻的温度分布云图

层层环状的等温区域，但随着淬火的进行，芯部等温区域逐渐缩小并出现"颈缩"分离现象（如 21 s 时刻），最终在芯部形成三个等温区域（如 30 s 时刻）。当然，淬火完成时整个板材温度与淬火介质温度达到一致，所有等温区会融合为一个。图 4.10 所展现的这一现象体现了铝合金板材淬火过程中温度场变化的错综复杂性。引起该现象的因素很多，如板材与淬火介质的热交换系数、铝合金自身的热传导系数以及比热均随温度变化而线性甚至非线性变化，但从图 4.11 中可以看到一个直观的原因。

图 4.11 所示为面 *OBDC* 上边缘线 *DB* 和 *DC* 不同淬火时刻的温度分布曲线，其中以 *D* 点为起始原点。在图 4.11 中，多条曲线有一个相同的变化趋势，即 *D*

点的温度在不同时刻均低于 B 点和 C 点，从 D 点至 C 点或者 B 点的路径上温度逐渐变大。这说明 B 点以及 C 点所在的外表面区域与中心点 O 所在区域在淬火过程中始终保持着较小的温度差，而温度差值越小则热传递量越小，所以 O 点所在区域在淬火过程中出现了一个相对高温区域（图 4.10）。

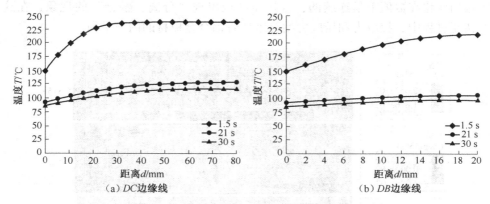

图 4.11 面 $OBDC$ 上边缘线不同淬火时刻的温度分布曲线

■4.4.2 淬火过程中的应力应变场

铝合金厚板淬火产生的不利影响主要是长度方向（预拉伸方向）和宽度方向的残余应力，而厚度方向残余应力通常可以忽略不计，且长度方向和宽度方向残余应力有着类似的分布（图 4.9），所以本书主要以长度方向即 X 向的残余应力形成过程展开研究。

淬火过程中铝合金板材表层和芯部必然发生拉应力与压应力的相互转换。为了直观观察淬火应力场的这种变化情况，尽管有限元模型只取了 1/8 的结构进行数值模拟，本文还是采用对称原理展现了整个板材的应力场。图 4.12 所示为面 $OBDC$ 不同淬火时刻的 X 向应力拉压区域的转换示意图，为了便于观察拉压应力的属性，图中以零应力值为主要分界点，深色区域为拉应力区域，浅色区域为压应力区域。

从图 4.12 可以看出在铝合金板材淬火初始阶段（如 0.375 s 时刻） X 向应力场呈现外拉内压的两区域分布，但随着淬火的进行，拉应力区域沿 Y 向（宽度方向）逐渐扩展，同时沿 Z 向（厚度方向）逐步收缩，在宽度方向上形成 4 个拉应力区域（如 11.25 s 时刻），淬火后期中间的两个拉应力区域沿宽度方向融合为一个，而边上的两个拉应力区域沿宽度方向消失于边缘。

整个拉压应力转换过程可以这样描述：拉应力区域从外围沿宽度方向往芯部

蔓延，最终在芯部汇合；同时，压应力区域自芯部沿厚度方向向外扩展，最终在外围融合。

图4.12所展现的这一现象体现了铝合金板材淬火过程中应力场变化的错综复杂性，它不是简单地由"外拉内压"变为"外压内拉"，在淬火过程中，拉压区域的变化在数值上是连续的，且拉压区域出现"分离、融合"的现象，在这一转变过程中，拉应力和压应力始终维持着铝合金板材的内力平衡。

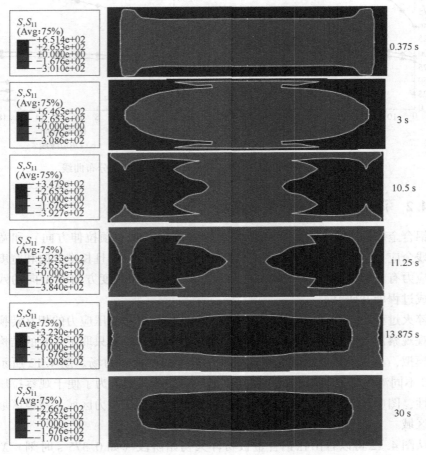

图4.12　面 OBDC 不同淬火时刻的 X 向应力拉压区域的转换示意图

在淬火快速冷却过程中，板材温度场迅速变化，由于温度梯度的存在，表层和芯部的温度差也是瞬态变化的。动态的温度差变化将导致热应力的瞬态变化，当热应力大到超过屈服极限时，就会发生塑性变形，形成附加应力，并导致工件淬火热处理后产生残余应力。可见，淬火过程中弹塑性应变场和应力场的动态变化过程，都是导致淬火残余应力产生的非常重要的因素，特别是塑性应变的变化。淬火过程中所有这些瞬时的动态变化，依靠现有的实验方法和仪器一般是无法检测出来的，只有依靠计算机技术通过数值模拟来进行定量分析。

图 4.13 所示为面 $OBDC$ 上等效塑性应变随时间变化的区域分布图。从图 4.13 可以看出在铝合金板材淬火初始阶段（如 0.375 s 时刻），铝合金板材的外表层首先出现塑性变形，随着淬火的进行，外表层的塑性变形逐渐增大且扩展，同时板材芯部开始出现塑性变形（如 3 s 时刻）。淬火后期表层和芯部的等效塑性应变区域均有所减小，造成这一现象的原因之一是因为拉压应力区域（图 4.12）出现转换，即拉应力和压应力出现反向。外表层区域和芯部区域之间一直存在着一个过渡区域，该区域中塑性应变很小甚至为零，可以判定该区域在淬火过程中主要处于弹性变形阶段。如图 4.9 所示，厚度方向残余应力分布"W"形曲线分布，淬火残余应力的极值（最大压应力和最大拉应力）出现在次表层和次中面上，两者结合可作如下假设猜想。

（1）淬火过程中，铝合金板材由于热胀冷缩致使板材外表层产生了不可恢复的拉伸塑性变形，致使板材外表层长度比原始尺寸略长。

（2）铝合金板材芯部由于热胀冷缩产生了不可恢复的压缩塑性变形，致使板材芯部长度比原始尺寸略短。

（3）外表层和芯部之间过渡层由于塑性变形很小或者只有弹性变形，致使过渡层长度与原始尺寸接近。

（4）铝合金板材作为一个连续体，其内部必须满足位移协调和内力平衡，则过渡层靠近外表层的区域必然因限制外表层"变长"而受拉应力，过渡层靠近芯部的区域则因限制芯部的"缩短"而受压应力。

过渡层在板材整体位移协调和内力平衡过程中担负着重要的连接作用，这就是淬火残余应力极值（最大压应力和最大拉应力）出现在次表层和次中面的主要原因。

需要特别指出的是，铝合金淬火过程是一个极其复杂的热力耦合过程，铝合金淬火残余应力的形成是多种因素共同作用的结果，学术界对淬火残余应力的形成机理一直比较模糊。上述假设是从论文研究铝合金淬火过程中的塑性变形区域出现的范围出发，结合宏观结构位移协调和受力平衡原理，针对板材厚度上淬火残余应力分布出现两个"拐点"（图 4.9）的这一非单调变化的现象，在铝合金淬火残余应力形成机理的通常解释的基础上做了一个推测性的补充。

■4.4.3　淬火过程中的力学行为

铝合金淬火过程中的物理和力学现象很难通过实验仪器监测，而数值模拟可

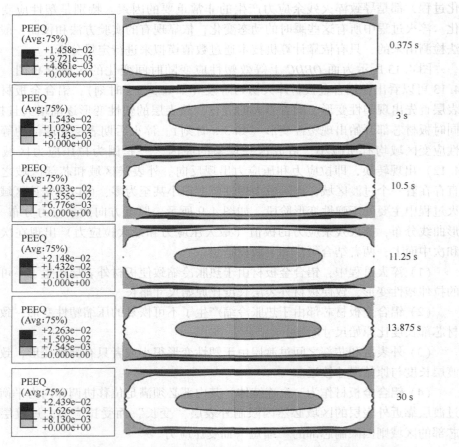

图 4.13　面 *OBDC* 上等效塑性应变随时间变化的区域分布图

以很好地记录此过程，在准确模拟实际淬火过程的基础上，考察淬火过程中各阶段的应力应变状态和应力应变作用历程，从而了解淬火过程中弹性应变、塑性应变、拉应力以及压应力的产生、变化情形，为铝合金淬火过程更清晰地理解和研究提供有价值的数据与理论分析。

铝合金板材放入淬火介质（水）的开始瞬时阶段，板材表层与淬火介质温差最大，此时的热量交换最为剧烈，板材表层温度下降速度也最快，由此而使得板材的热胀冷缩变形程度加剧，并在板材内部引发一系列的力学行为。由于在板材的三维空间里，每个点的具体瞬时状态均有所差别，论文选取最具代表性的 *O* 点和 *C* 点，这两点分别反映了板材芯部区域和外表层区域在淬火时的变化趋势。

图 4.14 所示为 *C* 点的 Mises 应力以及 *X*、*Y*、*Z* 三个方向上的应力和弹塑性应变在淬火开始 1 s 之内随时间变化的曲线。

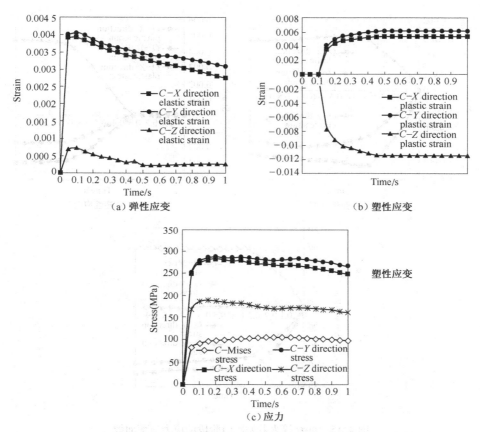

（a）弹性应变　　　　　　（b）塑性应变

（c）应力

图 4.14　点 C 淬火开始瞬时阶段的应力应变曲线

从图 4.14 可以看出：在线弹性阶段，铝板外表层淬火时力学的线弹性阶段维持时间很短，仅有 0.1 s 左右的时间。X、Y、Z 向（长度、宽度和厚度方向）上的应力应变的变化趋势基本一致，均是一直受拉应力作用，应变也均为拉应变，处于三向受拉的状态；进入塑性阶段后，即产生"应力松弛"效应，所以 X、Y、Z 三个方向上的弹性应变均有所下降，但仍为三向受拉应力作用的状态。且由于塑性变形是一种不可逆的永久性变形，其状态符合屈服准则、体积不变、应变硬化等基本力学规律，所以 X、Y 两个方向上出现塑性拉应变，而 Z 向上出现塑性压应变，这也导致了 Z 向出现弹性拉应变与塑性压应变并存的现象。

图 4.15 所示为 O 点的 Mises 应力以及 X、Y、Z 三个方向上的应力和弹塑性应变在淬火开始 1 s 之内随时间变化的曲线。

从图 4.15 可以看出：在线弹性阶段，铝板芯部淬火时力学的线弹性阶段维

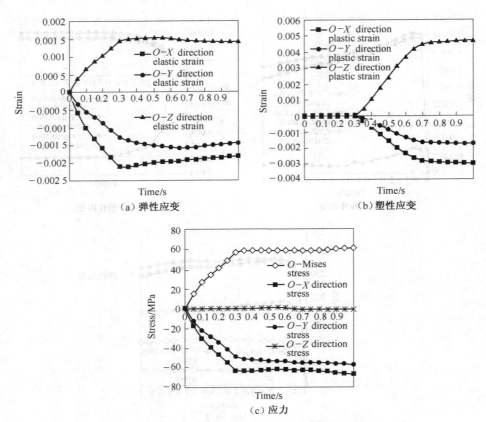

图 4.15 点 O 淬火开始瞬时阶段的应力应变曲线

持时间比表层略长，有 0.25 s 左右的时间。X、Y 向（长度和宽度方向）上的应力应变的变化趋势基本一致，均是一直受拉应力作用，应变也均为拉应变，而 Z 向（厚度方向）应力很小，相对于 X、Y 向的应力大小可忽略不计，但其应变为拉应变，拉应变是由于横向变形效应产生的，芯部此时的受力状态可看作平面应力状态；进入塑性阶段后，即产生"应力松弛"效应，所以 X、Y、Z 三个方向上的弹性应变均有所下降，但仍可看作平面应力状态。且由于横向变形效应以及塑性变形的体积不变规则导致 X、Y 两个方向上出现塑性压应变，而 Z 向出现塑性拉应变。

综合上述分析，在淬火开始瞬势阶段（1 s 内），板材的外表面和芯部的力学行为描述如图 4.16 所示。图 4.16 中 e 上标的符号表示弹性阶段的物理量，p 上标的符号表示塑性阶段的物理量。

图 4.17 所示为 C 点的 $Mises$ 应力以及 X、Y、Z 三个方向上的应力和弹塑性

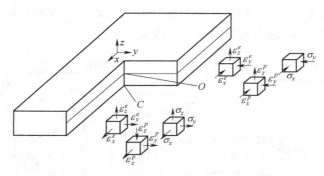

图 4.16　淬火开始瞬时阶段的应力应变状态

应变在淬火开始 20 s 之内随时间变化的曲线。

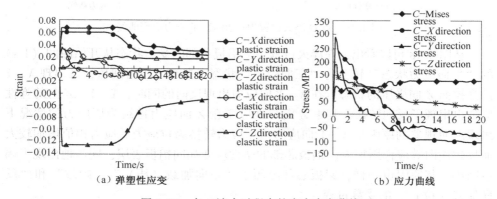

（a）弹塑性应变　　　　　　　　　（b）应力曲线

图 4.17　点 C 淬火过程中的应力应变曲线

　　从图 4.17 可以看出，随着淬火时间的推进，铝板表层的受力状态从开始瞬时（1 s）阶段的三向受拉转变为 X、Y 向受压而 Z 向受拉，从各向应力的幅值上看，应力的最大值均出现在淬火的开始阶段，后期均有所减小。X、Y 向的应力拉压转换出现时刻分别为 8 s 和 5 s 左右，而与其对应的弹性应变也有拉压转换，但出现时刻（X 向 6 s、Y 向 2.5 s）各自早于同方向上的正应力转换时刻，其原因是在拉压转换出现前对于三维受力的铝板表层，Z 向持续的拉应力减小速度慢于 X、Y 向的拉应力，Z 向拉应力的横向效应在三向拉应力的对比中作用愈加明显而导致了这一现象。铝板表层的塑性应变自淬火 1 s 时间内达到最大幅值后，没有继续增大，但在 X、Y 向正应力出现拉压转换时，塑性应变都出现幅值减小的现象，其原因是由于塑性变形不可恢复，当作用力出现反向时，首先是弹性应变恢复为 0 后出现反向，接着受力体再次进入屈服，铝板表层经历了"正向加载（拉）""卸载"和"反向加载（压）"的受载过程。

图 4.18 所示为 O 点的 Mises 应力以及 X、Y、Z 三个方向上的应力和弹塑性应变在淬火开始 20 s 之内随时间变化的曲线。

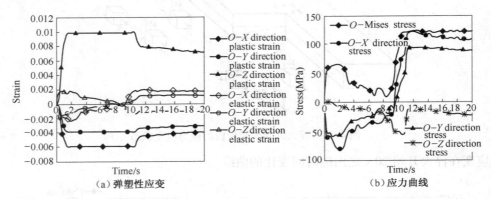

图 4.18　点 O 淬火过程中（20 s）的应力应变曲线

从图 4.18 可以看出，在淬火过程中，铝板芯部的受力状态从开始瞬间（1 s）的"平面应力状态"转变为"三向受压"状态，持续一段时间后，又出现 X、Y 向受拉而 Z 向受压的状态。在 X、Y 向应力出现反向的同时，X、Y、Z 向的弹性应变也出现了反向转换，其中 Z 向弹性应变在 Z 向应力持续为压应力的情况下出现反向现象的原因是 X、Y 向应力由压应力转换为拉应力后应力幅值增加较大而导致横向效应作用加大。铝板芯部的塑性应变如同铝板表层，同步地出现了幅值减小，其原因也一样，铝板芯部经历了"正向加载（压）""卸载"和"反向加载（拉）"的受载过程。

综合上述分析，铝板在淬火过程中，板材的外表面和芯部的力学行为主要变化阶段描述如图 4.19 所示，其中表层和芯部的 X、Y 向应力应变均呈现出内外平衡协调的"作用力与反作用力"的对应变化，而 Z 向没有看出这种趋势，Z 向的应力在幅值上比 X、Y 向应力幅值要小很多，同时 Z 向的应变主要是由于 X、Y 向应力作用下的横向效应而产生的变形，所以不少学者认为厚度方向（Z 向）的残余应力的不利影响可以忽略不计。

在不考虑厚度方向（Z 向）应力变化的前提下，铝材在淬火过程中外表层和芯部的 X、Y 向应力应变作用历程可描述为图 4.20 所示的历程。图中，A 段为加载，弹性阶段；AB 段为加载，塑性阶段；BE 段为卸载，弹性应变变为零；EF 段为反向加载，弹性应变反向；FG 段为继续反向加载，产生反向塑性应变。

从铝合金板材内外应力、应变场的演变规律可以看出，应力峰值出现在淬火初期，而此时铝板尚处在高温状态下，铝板的屈服强度和抗拉强度都较小，所以在此阶段铝板最容易发生不均匀塑性变形，这也是铝合金淬火残余应力产生的主要原因。

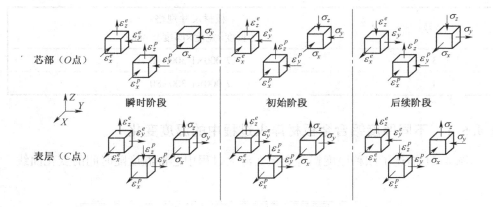

图 4.19　淬火过程中各阶段的应力应变状态

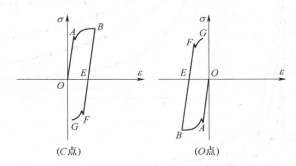

图 4.20　淬火过程中应力应变作用历程示意图

4.5　不同厚度铝合金板材淬火残余应力研究

选取四种具有代表性厚度的 7075 铝合金板作为研究对象，具体尺寸规格如表 4.4 所示，淬火工况以及数值模拟的处理与 4.3 节中淬火过程相同。

表 4.4　不同厚度 7075 铝合金板材尺寸规格

序号	板材尺寸规格 （长度×宽度×厚度）/mm
1	7 000×1 300×10
2	7 000×1 300×20

续表

序号	板材尺寸规格 （长度×宽度×厚度）/mm
3	7 000×1 300×40
4	7 000×1 300×80

4.5.1　不同厚度铝合金板材淬火过程中的温度变化

图 4.21 描述了四种厚度铝合金板在淬火过程中芯部温度随时间的变化曲线。

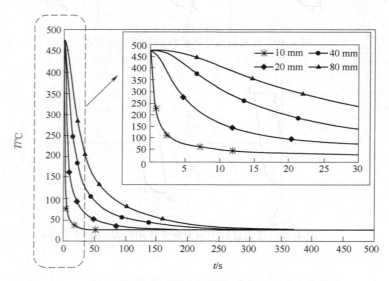

图 4.21　不同厚度铝合金板材芯部淬火时温度变化曲线

从图 4.21 可以看出，厚度为 10 mm 的铝合金板芯部在极短的时间里温度就开始下降，并在 5 s 之内就降至 100 ℃ 以下，然后平缓变化。随着板材厚度的增加，铝合金板芯部温度下降速度减缓，故其淬火所需时间更长，且逐渐出现明显的芯部降温迟滞现象，如厚度为 80 mm 的铝合金板开始有 4 s 左右的时间其芯部温度保持不变。芯部温度下降越迟缓，铝合金板材表层和芯部的温度梯度就越大，则热变形的差异也就越大，必然会导致越大的塑性变形，这是厚度越厚的铝合金板材淬火残余应力越大的直接原因。

4.5.2　不同厚度铝合金板材的淬火残余应力

在实际生产过程中，铝合金板材的两个端部需要切除一部分，中部区域的残余应力水平是关注重点，而厚度方向残余应力远小于长度方向和宽度方向残余应力，故厚度方向残余应力可以忽略。图 4.22 所示为不同厚度铝合金板材长度方向和宽度方向淬火残余应力沿厚度方向中心线上的分布曲线图。

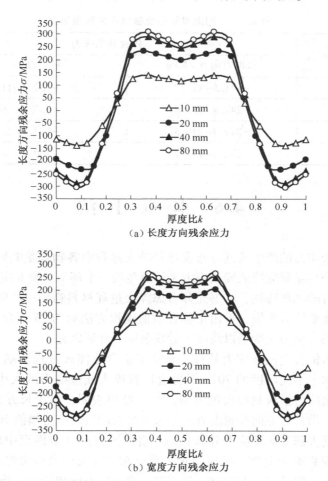

（a）长度方向残余应力

（b）宽度方向残余应力

图 4.22　不同厚度铝合金板材残余应力沿厚度分布曲线

从图 4.22 中可以看出淬火残余应力沿铝合金板材厚度呈"W"形分布，从外至内由压应力逐渐过渡为拉应力，这一过渡为非单调的连续变化。从淬火残余应力的峰值上看，随着铝合金板材厚度的增加，淬火残余应力也随之增大，且随着厚度的增加，淬火残余应力的增幅逐渐减小。

表 4.5 列出了不同厚度铝合金板材整体残余应力范围。由表可以看出，随着铝合金板材厚度的增加，其淬火最大残余应力也相应地增加，但随着厚度的进一

步增加，残余应力增加的幅度趋于平缓。对于厚度分别为 10 mm、20 mm、40 mm 和 80 mm 的 7075 铝合金板材，其淬火残余应力范围依次大约为 ±120 MPa、±200 MPa、±240 MPa 和 ±260MPa。

表 4.5　不同厚度铝合金板材淬火残余应力

厚度 h/mm	淬火残余应力	
	长度方向 σ_1/MPa	宽度方向 σ_2/MPa
10	−141.5~117.2	−132.3~113.2
20	−247.9~185.8	−233.7~189.5
40	−249.9~240.3	−253.1~237.9
80	−252.8~271.7	−250.9~278.6

4.6　本 章 小 结

淬火残余应力的产生及其分布规律是淬火过程中各物理量共同作用的结果，淬火过程的分析是研究淬火残余应力无可避免的一个环节。流变应力特性是铝合金高温下固有的物理特性，本书充分考虑淬火过程材料物理属性随温度的变化，引进铝合金流变应力曲线，采用全耦合数值模拟方法对 7075 铝合金板材淬火过程中的温度场、应力应变场以及淬火后残余应力开展研究。

（1）引入铝合金流变应力特性，建立了铝合金淬火过程全耦合数值模拟模型，研究预估了不同厚度的 7075 铝合金板材淬火残余应力的大小及分布规律，得出淬火残余应力沿板材厚度的分布曲线。结果表明，对于长方体形状的 7075 铝合金板材，沿长度方向和宽度方向分布的最大的残余应力幅值出现位置均靠近边缘，中部绝大部分区域应力分布均匀；沿厚度方向（表面至中层）的残余应力分布则出现非单调变化，呈现"W"形分布。淬火残余应力峰值随着厚度的增加相应增大，但随着厚度的进一步增加，残余应力增加的幅度趋于平缓。

（2）分析比较了准耦合法和全耦合法数值模拟出的铝合金板材淬火残余应力分布，并探讨了产生其残余应力分布差异的原因。分析结果表明引入流变应力参数且采用全耦合法可以得到更接近实际淬火过程的模拟效果。

（3）对铝合金板材淬火过程中内部温度场的变化进行研究，并结合外表层相关部位的温度变化曲线定性分析解释了变化温度场中的一些特殊现象。

（4）对铝合金板材淬火过程中内部应力应变场的变化进行研究，定量分析了淬火过程中板材内部拉应力与压应力区域的转换过程以及塑性应变区域的变化过程。

（5）依据淬火过程中塑性变形区域出现的范围，对板材淬火残余应力沿厚度分布曲线非单调变化的现象作出分析解释。

（6）对淬火过程中板材表层和芯部的应力应变曲线为主进行详细描述与分析，归纳出铝板表层和芯部在淬火过程中各阶段的应力应变状态与应力应变作用历程，铝板的长度方向和宽度方向有着类似的力学行为，而厚度方向的力学现象在很大程度上受长度和宽度方向力学行为的影响。

第 5 章

铝合金板材预拉伸过程数值模拟

5.1 引　　言

在铝合金板材的生产过程中，淬火是必不可少的一道工艺，经过淬火处理后的铝合金板材内部会形成大量的残余应力。铝合金板材中的淬火残余应力危害极大，如航空整体结构件通常采用高强度铝合金厚板直接铣削加工而成，但铝合金预拉伸板内存在残余应力引起的加工变形问题是航空自动化制造领域的瓶颈问题。对于板材结构的铝合金材料通常采用预拉伸工艺消除残余应力，即板材在淬火后进行一定变形量的拉伸，可以很好地消除板材淬火过程中形成的残余应力。

铝合金板材在拉伸过程中由于拉伸机夹钳对板材两端的夹持影响了板材端部残余应力的消除效果，从而使拉伸后的铝合金板材依据塑性变形特点可分为夹持区、过渡区和均匀变形区。在铝合金板材的实际生产过程中，为了保证板材内的残余应力水平符合要求，预拉伸后必须对铝合金板材两端选取一定尺寸长度进行切除。故铝合金板材的拉伸工艺不仅涉及拉伸后板材的残余应力消除效果，还应考虑锯切量、成材率等问题，但目前诸多铝合金板材生产企业在进行预拉伸消除残余应力时，拉伸率照搬国外数据且对于拉伸后板材内残余应力的消除效果以及残余应力的分布状态也没有清晰地了解，导致在拉伸率、锯切量及成材率等方面没有清晰地判定，所以对拉伸率的优化、拉伸变形区域和锯切量的量化进行分析研究是很有必要的。

残余应力的实验测定分析方法已有多种，但多局限于部分实验测试点，且在优化拉伸率的过程中由于反复实验而导致成本较高。目前，有限元数值模拟技术已经成为研究铝合金板材预拉伸过程中残余应力分布的一种先进而有效的方法。

本章采用不同拉伸率对 7075 铝合金板材的预拉伸过程开展数值模拟分析，优化拉伸率，寻求预拉伸法消除淬火残余应力的最佳效果以及铝合金板材拉伸后各变形区域的尺寸范围和各区域的残余应力分布。通过这种深入细致的基础研究，获得对铝合金预拉伸法更清晰的理解，探寻机械拉伸法消除铝合金淬火残余应力的若干关键工艺参数，为实际生产过程中确定预拉伸板材拉伸率和锯切量提供实用的参考数据。

5.2 铝合金板材拉伸过程的数值模拟

建立拉伸过程数值模拟模型时，以淬火过程数值模拟的结果作为初始条件，拉伸过程数值模拟对象与第 4 章淬火过程数值模拟对象相同，采用 7075 铝合金材料，板材尺寸规格（长×宽×高）为 280 mm×26 mm×12 mm，如图 5.1 所示，板材两端各自选取离端部长为 40 mm 的区域作为夹持区。

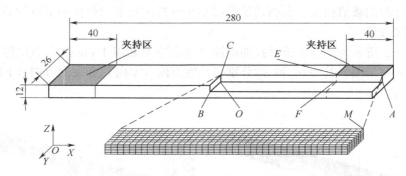

图 5.1 铝合金预拉伸板材结构图

图 5.1 中 O 点为整个板材的中心点，A 点为垂直于 X 轴方向（长度方向）上外表面的中心点，B 点为垂直于 Y 轴方向（宽度方向）上外表面的中心点，C 点为垂直于 Z 轴方向（厚度方向）上外表面的中心点，M 点为上外表面中心线与端面的交点，E、F 点分别为 CM、OA 与夹持终止面的交点。

■ 5.2.1 数值模拟的基本假设

为建立理想条件下的力学模型，数值模拟时假设条件如下。

（1）材料视为各向同性的弹塑性材料。

（2）拉伸产生的塑性变形沿板材的中间面对称分布。

（3）拉伸过程中的弹塑性变形视为小变形弹塑性问题。

（4）夹钳与铝合金板材之间的摩擦类型为库仑摩擦，摩擦系数很大。

（5）不考虑夹钳与导轨之间的摩擦。

■ 5.2.2 无夹持拉伸过程的数值模拟

采用 ABAQUS 软件，取铝合金板材的 1/8 结构建立模型。将铝合金板材淬火过程数值模拟所求解出的最终淬火残余应力场与应变场作为板材的初始应力应变场。在板材三个对称面上采用对称约束，只限制铝合金板材的刚体运动，不影响拉伸过程中铝合金板材的变形。

拉伸过程主要考虑淬火后铝板在外力作用下内应力的重新平衡过程，以优化拉伸率为目标时，需采用多个拉伸率进行拉伸过程数值模拟，为了减少计算量并提高计算精度，暂不考虑板材端部的夹持载荷，因为由圣维南定理可知夹持载荷对板材中部区域的影响可以忽略不计。

直接在板材端部施加模拟拉伸载荷的强制位移，分别施加拉伸率为 0.5%、0.8%、1.0%、1.2% 和 1.5% 的拉伸载荷，拉伸速度为 0.5 mm/s。进行铝合金板材拉伸过程的数值模拟，根据数值模拟结果分析比较不同拉伸率下拉伸后残余应力的消除效果。

图 5.2 所示为铝合金板材拉伸前淬火残余应力和以 1% 的拉伸率拉伸后的残余应力分布云图，其中 S_{11} 和 S_{22} 分别指长度方向（X 向）和宽度方向（Y 向）的残余应力。

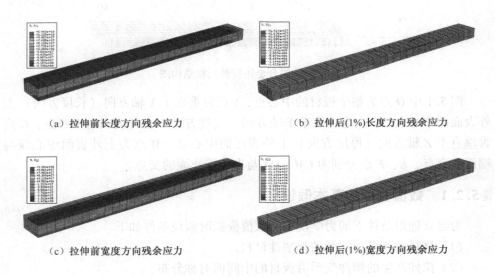

（a）拉伸前长度方向残余应力　　　　　（b）拉伸后(1%)长度方向残余应力

（c）拉伸前宽度方向残余应力　　　　　（d）拉伸后(1%)宽度方向残余应力

图 5.2　拉伸前后残余应力分布云图

从图 5.2 中可以看出拉伸前的淬火残余应力大小为：S_{11} 的范围在 -139.5 ~ 146.3 MPa，S_{22} 的范围在 -142.9 ~ 118.4 MPa；拉伸 1% 后的残余应力分布趋于均匀，特别是板材表层和芯部的残余应力均大幅度消减，其中 S_{11} 的范围在 $-14.22\sim19.14$ MPa，S_{22} 的范围在 $-14.71\sim17.05$ MPa，两者对比可以看出拉伸后残余应力消除效果明显。

在实际生产过程中，铝合金板材的端部需要切除一部分，中部区域是残余应力消除效果的重点，故选取 OC（图 5.1）路径上的残余应力分布作为优化拉伸率的参考。图 5.3 所示为拉伸前淬火残余应力以及拉伸后残余应力沿厚度（OC 路径上）的分布曲线。

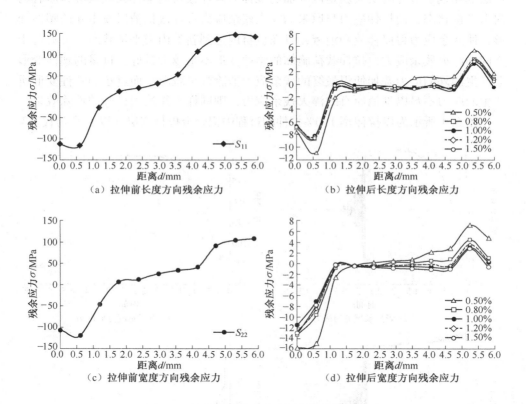

图 5.3　拉伸前后残余应力沿厚度的分布曲线

将图 5.3 中拉伸前后残余应力分布曲线对比可以看出：淬火后的铝合金板材经过一定量的塑性拉伸，长度方向和宽度方向的残余应力（X 向 S_{11} 和 Y 向 S_{22}）绝对值均大幅度减小。但不同拉伸率产生的残余应力消除效果不同，最小的拉伸率为 0.5% 的残余应力消除效果最差，说明拉伸载荷施加的塑性变形还不够，而最大的拉伸率为 1.5% 的残余应力消除效果也不是最佳，说明拉伸载荷施加的塑性变形过大。

以 1.0% 的拉伸率残余应力消除效果最佳，此时 OC 路径上 X 向残余应力 S_{11} 为 $-8.22 \sim 3.11$ MPa，Y 向残余应力 S_{22} 为 $-11.5 \sim 3.05$ MPa；而拉伸前 OC 路径上 X 向残余应力 S_{11} 为 $-117 \sim 146$ MPa，Y 向残余应力 S_{22} 为 $-121 \sim 102$ MPa，X 向残余应力消除百分比为 $93.16\% \sim 97.95\%$，Y 向残余应力消除百分比为 $90.91\% \sim 97.06\%$。上述对比说明拉伸率有优化的空间。

数值模拟结果显示出不同拉伸率的残余应力消除效果不同。究其原因，预拉伸法消除残余应力的实质就是以外加的拉伸力破坏板材内部淬火残余应力原有的内力平衡状态，使拉伸应力与原来的淬火残余应力叠加或抵消后发生新的塑性变形，使残余应力得以释放和消减，且在板材内达到新的内力平衡状态。可见对于不同的淬火残余应力，拉伸载荷施加的塑性变形不是越大越好，过量的塑性变形会产生额外的应力叠加使得最终的残余应力消除效果减弱，而过小的塑性变形所产生的应力不足以抵消原有的淬火残余应力，则同样不能达到良好的消除效果。

图 5.4 所示为以拉伸率 1.0% 拉伸的过程中铝合金板材表层（以 C 点为代表）

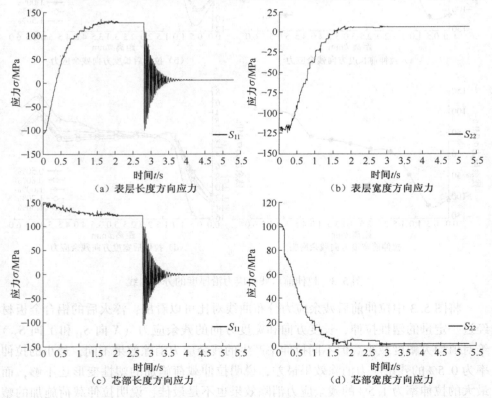

（a）表层长度方向应力　　　　　　　（b）表层宽度方向应力

（c）芯部长度方向应力　　　　　　　（d）芯部宽度方向应力

图 5.4　拉伸过程中表层与芯部应力随时间变化的曲线

和芯部（以 O 点位代表）残余应力随时间变化的曲线。其他拉伸率下残余应力随时间变化的曲线与图 5.4 类似。

以一定拉伸率拉伸时施加载荷的方向即为长度方向，结合图 5.4，在拉伸过程中，板材表层长度方向的压应力与拉伸载荷产生的拉应力直接抵消并最终反向，而板材芯部长度方向的拉应力则没有体现出与拉伸载荷产生的拉应力直接叠加而使拉应力增大的趋势。究其原因，在拉伸过程中，板材内部应力一直在进行内力平衡调整，当表层压应力因拉伸载荷作用而减小，芯部与之保持平衡的拉应力也相应减小。即拉伸过程中，随着表层压应力减小，芯部的拉应力得到了释放。尽管芯部拉应力与拉伸载荷产生的拉应力叠加，但释放的幅度大于叠加的幅度。宽度方向的应力在拉伸过程中则都直接得到了消减，可近似看成单调减小，这一现象与文献 [60] 的报道相同。

5.2.3　考虑夹持拉伸过程的数值模拟

在实际拉伸过程中，铝合金板材的夹持区域受到夹钳的制约，限制了板材端部的塑性变形并且拉伸在此处也不充分，使得夹持区的残余应力消除效果不明显且残余应力分布较复杂。为了获得低水平残余应力且应力分布均匀的板材，拉伸完毕后需将夹持区和过渡区进行锯切处理。

以量化变形区域和确定锯切量为目标时，必须考虑到实际拉伸过程中夹钳对板材两端的夹持影响了板材端部残余应力的消除效果，以及新建钳口网格模型模拟夹持对拉伸残余应力消除效果的影响，此时数值模拟的网格模型如图 5.5 所示。

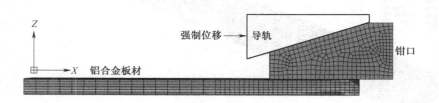

图 5.5　夹持拉伸数值模拟的网格模型

根据拉伸机构的特点，以离散刚体模拟导轨，导轨只保留 X 方向位移自由度，钳口保留 X 和 Z 方向位移自由度，建立导轨与钳口、钳口与板材两个接触对，导轨与钳口之间摩擦系数定义为 0，钳口与板材之间摩擦系数定义为 0.98，便于楔形机构实现反锁咬紧，夹持量为 40 mm。给导轨端部施加模拟拉伸载荷的强制位移，分别施加了拉伸为 0.5%、1.0% 和 1.5% 的强制位移，拉伸完毕进行卸载。进行铝合金板材拉伸过程的数值模拟，根据数值模拟结果分析确定不同拉伸率下拉伸后铝合金板材的变形区域范围和锯切量。

图 5.6 所示为铝合金板材以 1% 的拉伸率拉伸后残余应力分布云图，其中 S_{11} 和 S_{22} 分别指长度方向（X 向）和宽度方向（Y 向）的残余应力。

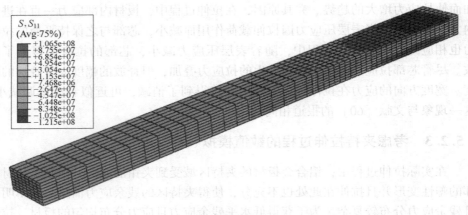

（a）长度方向应力

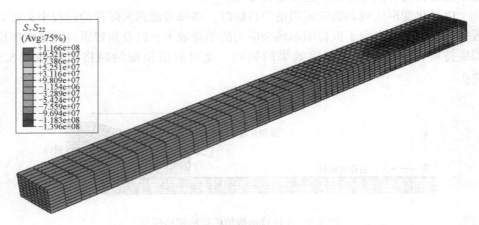

（b）宽度方向应力

图 5.6 拉伸后残余应力分布云图

从图 5.6 中可以看出拉伸后铝合金板材绝大部分区域（板材中部）应力消减幅度很大，且该区域应力分布均匀。板材端部钳口夹持的区域应力水平很高且分布复杂。

　　依据应力分布的均匀程度以及应力水平的大小将铝合金板材沿长度划分为应力均匀区、过渡区和夹持区三个部分。其中，夹持区的范围（长度）直接由钳口夹持的长度决定，在本模型中夹持区长度为 40 mm；应力均匀区的应力水平则根据板材中部 O 点和 C 点（图 5.1）的应力值大小作为参考标准，整个板材的对称面 OYZ 为起始面，以垂直于长度方向的截面来截取，本模型中应力均匀区长度截取为 92 mm（针对 1/8 模型而言）比较合适；应力均匀区与夹持区之间即为过渡区，其长度为 8 mm。以 1%的拉伸率拉伸后三个变形区域各自的残余应力分布云图如图 5.7 所示。

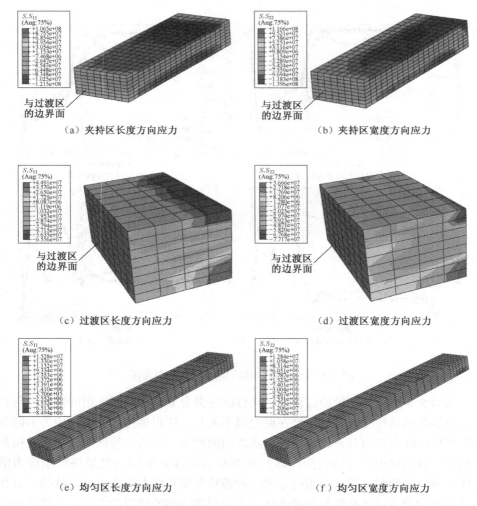

（a）夹持区长度方向应力　　　　　（b）夹持区宽度方向应力

（c）过渡区长度方向应力　　　　　（d）过渡区宽度方向应力

（e）均匀区长度方向应力　　　　　（f）均匀区宽度方向应力

图 5.7　拉伸后三个变形区的残余应力分布云图

从图 5.7 中可以看出，以 1% 的拉伸率拉伸后，夹持区残余应力水平的绝对值仍在 100 MPa 的量级，这与拉伸前淬火残余应力的幅值范围接近，可见夹持区的残余应力经过拉伸没有得到有效的消减；过渡区残余应力水平的绝对值在 40~70 MPa，说明过渡区的残余应力经过拉伸后消除百分比在 50% 左右；应力均匀区应力水平的绝对值大约在 10 MPa 的量级，说明均匀区的残余应力经过拉伸后消除百分比接近 90%。

图 5.8 所示为拉伸后板材表层（CM 路径）和芯部（OA 路径）残余应力 S_{11} 与 S_{22} 沿长度方向（X 向）的分布图。

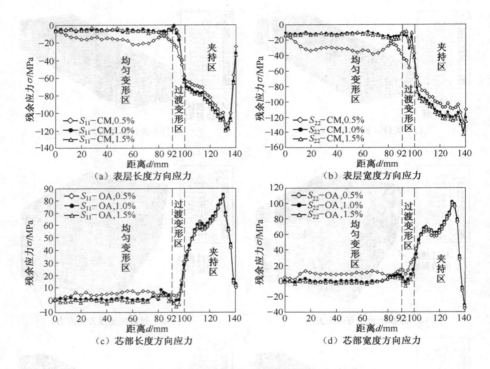

（a）表层长度方向应力　（b）表层宽度方向应力
（c）芯部长度方向应力　（d）芯部宽度方向应力

图 5.8　拉伸后残余应力沿长度方向分布图

如图 5.8 所示，在拉伸过程中，夹持区的铝合金板材受到夹钳的制约，限制了板材端部的塑性变形并且拉伸在此处也不充分，使得夹持区的残余应力消除效果不明显且残余应力分布较复杂；由圣维南原理可知远离夹持区的板材所受拉伸力均匀，故板材中部（均匀变形区）残余应力消除效果明显且最终残余应力沿长度方向分布均匀；铝合金板材作为一种连续介质其应力应变也是连续的，故在夹持区和均匀变形区必然存在过渡区，起变形缓冲和能量缓冲作用，过渡区的残余应力水平在几十兆帕，沿长度方向变化剧烈，越靠近夹持区残余应力越大。过渡区范围（沿长度方向）大约为 8 mm，锯切量为过渡区和夹持区长度之和。相关学者通过实验数据统计得出过渡区范围与板材厚度有关的推论，本模型中过渡区范围约为板材厚度尺寸的 67%，锯切量为 48 mm，可见利用数值模拟技术，可得出关于锯切量更精确的量化数据。

在图 5.8 中，对比长度方向和宽度方向的应力，在三个变形区，两者的变化趋势相似且保持同步，最直接的一个原因是宽度方向的应力消减主要取决于长度方向应力的横向相应（由泊松比决定）。在均匀变形区，长度方向应力受到拉伸载荷的直接作用而大幅度消减，则宽度方向应力因拉伸载荷的横向效应也大幅度消减，在过渡区和夹持区则相反，两个方向的应力都因拉伸载荷作用不充分而消减幅度较小。

以目前的残余应力测试技术，铝合金板材表层的残余应力较容易测量，而从图 5.8 中可以看出，表层和芯部的应力变化所决定的三个变形区域的范围基本相同。所以当以实验测试的手段来确定拉伸后板材的锯切量时，仅以表层的残余应力为标准即可量化确定整个板材的三个变形区域的范围。

5.3　不同厚度铝合金板材拉伸残余应力研究

以表 4.4 所示的铝合金板材作为研究对象，进行拉伸过程数值模拟，对于不同厚度的铝合金板材施加的拉伸率不同，具体如表 5.1 所示。每次拉伸过程均是一步拉伸到位，拉伸完毕后进行卸载。

表 5.1　不同厚度 7075 铝合金板材的拉伸率

序号	厚度 h/mm	拉伸率 δ/%				
1	10	0.5	0.8	1.0	1.2	1.5
2	20	1.2	1.5	1.8	2.2	2.4
3	40	1.8	2.0	2.2	2.4	2.6
4	80	2.0	2.2	2.4	2.7	3.0

■ 5.3.1　不同厚度铝合金板材拉伸率的优化

为了分析比较不同拉伸率的淬火残余应力消除效果，依照 5.2.3 小节所述的方法选择表 5.1 所示的 5 种拉伸率进行拉伸数值模拟，依据模拟结果优化拉伸率，得到的不同厚度铝合金板材的适宜拉伸率如表 5.2 所示。

表 5.2 不同厚度 7075 铝合金板材的适宜拉伸率

序号	厚度 h/mm	拉伸率 $\delta/\%$
1	10	1.0
2	20	1.8
3	40	2.2
4	80	2.4

从表 5.2 可以看出，为了达到更好的淬火残余应力消除效果，应采用的适宜拉伸率随着铝合金板材厚度的增加也相应增大。需要指出的是，实际生产过程中采用的拉伸率也不能无限制地增大，因为过大的拉伸率会引起"断带"而破坏拉伸设备。

■ 5.3.2 不同厚度铝合金板材的过渡区范围

依照 5.2.4 小节所述的方法选择表 5.1 所示的 5 种拉伸率进行拉伸数值模拟，依据模拟结果对不同厚度铝合金板材的变形区域和锯切量进行量化。

应力非均匀区包括夹持区和过渡区，而夹持区是已知的，所以过渡区是需要量化的关键，根据锯切的实际方式以表面夹持终止处和应力均匀区起始处之间的距离为过渡区范围，分析拉伸后长度方向和宽度方向残余应力沿厚度方向中心线上的分布曲线找出过渡区的范围，不同厚度铝合金板材以其最优拉伸率拉伸后的过渡区范围统计结果如表 5.3 所示。

表 5.3 不同厚度 7075 铝合金板材的过渡区范围

序号	厚度 h/mm	拉伸率 $\delta/\%$	过渡区范围 l/mm	比值 $l/h/\%$
1	10	1.0	6.7	67.0
2	20	1.8	13.7	68.5
3	40	2.2	25.9	64.8
4	80	2.4	52.3	65.4

从表 5.3 可以看出，过渡区范围随着铝合金板材厚度的增加也相应增大，将过渡区范围与其对应的板材厚度对比可以发现：过渡区范围（长度）为板材厚度的 60%~70%。

5.4　本章小结

　　针对目前生产企业对预拉伸板拉伸作业时拉伸率照搬经验数据或者国外相关数据，且对拉伸后板材残余应力状态也了解得不够清晰的现状，针对不同厚度铝合金板材，开展铝合金板材拉伸过程的数值模拟研究，寻求预拉伸法消除淬火残余应力的最佳效果以及铝合金板材拉伸后各变形区域的尺寸范围和各区域的残余应力分布。

　　（1）在对 7075 铝合金板材淬火过程全耦合数值模拟而获得淬火残余应力分布的基础上，进行铝合金板材不同拉伸率下拉伸过程的数值模拟，对不同拉伸率下机械拉伸法消除残余应力的效果进行对比分析，得出不同拉伸率消除残余应力的效果不同的结论，确定优化拉伸率的方法，优化拉伸率后对提高产品质量有较明显的效果；对铝合金板材拉伸后残余应力的分布规律进行对比分析，划分出板材的三个变形区域——应力均匀区、过渡区以及夹持区的范围。

　　（2）预拉伸工艺可以很好地消除淬火残余应力，不同拉伸率消除残余应力的效果不同，过大或者过小的拉伸率均会减弱残余应力的消除效果。最佳拉伸率随着板材厚度的增加而相应增大，经过优化得到的厚度分别为 10 mm、20 mm、40 mm 和 80 mm 的 7075 铝合金板的最佳拉伸率依次为 1.0%、1.8%、2.2% 和 2.4%。

　　（3）厚度为 10~80 mm 的 7075 铝合金板材预拉伸后，应力均匀区应力水平的绝对值大约在 10 MPa 的量级，过渡区的残余应力水平大约在几十兆帕，夹持区残余应力水平的绝对值仍在 100 MPa 的量级。夹持区的残余应力没有得到有效的消减，过渡区残余应力消除百分比在 50% 左右，应力均匀区的残余应力消除百分比接近 90%。

　　（4）锯切量的长度为夹持长度与过渡区长度之和，随着铝合金板材厚度的增加，锯切量也相应增大，锯切量增大的主要原因是过渡区域范围的增大，对于厚度为 10~80 mm 的 7075 铝合金板材，过渡区长度为板材厚度的 60%~70%。

　　（5）数值模拟结果显示，预拉伸后板材表层和芯部的残余应力同步得到了消除，表层和芯部的应力变化所决定的三个变形区域的范围基本相同，故以实验测量手段进行拉伸率的优化和锯切量的量化时，依据铝合金板材的表面残余应力的测量结果即可达到目的。

第*6*章

铝合金厚板预拉伸装备

6.1 引 言

要生产截面尺寸大、材料性能好的航空级铝合金厚板必须有大吨位的张力拉伸机。张力拉伸机是铝合金板材生产的精整设备，其拉伸能力限定了板材的生产能力。现代拉伸机通常是由机械部分、液压系统、电气控制系统及其他辅助部分等组成的一套复杂的设备系统。机械部分主要包括固定机头、活动机头、主拉伸油缸装置、缓冲复位装置、轨道、辅助承放梁及其他辅助部件。文中研究的是拉伸机机械部分的关键零部件——固定机头、活动机头。机头的结构有不同的形式，目前国内的拉伸机有 C 形结构拉伸机、钢丝缠绕预应力结构拉伸机、组合式结构拉伸机等几类型，其中东北轻金属公司的 4 500 t 拉伸机和西南铝业（集团）有限责任公司的 6 000 t 拉伸机属于 C 形结构，新型的万吨级拉伸机采用的是组合式结构。

6.2 大吨位拉伸机的结构形式

6.2.1 C 形结构拉伸机

C 形拉伸机机头主要由 C 形板、月牙板和钳口组件组成，如图 6.1 所示。机头的主体结构是由多块 C 形板梁组合而成的，一般 C 形板的厚度并不相同，通常为中间厚、两侧薄的形式对称排列。如 6 000 t 拉伸机机头由 11 块 C 形板组成，C 形板厚度包括 100 mm、150 mm、180 mm 三种。上、下两块月牙板横贯在 C 形板槽内，牙板安装在月牙板上，由油缸控制可在月牙板上移动，调节

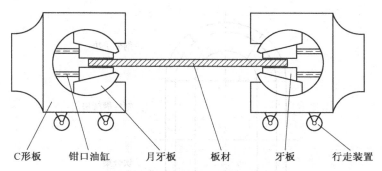

C形板　　钳口油缸　　　月牙板　　　板材　　　牙板　　　行走装置

图 6.1　C 形拉伸机机头结构示意图

钳口开口度的大小，以适应不同厚度板材的拉伸。

C 形结构的机头属于闭式结构，C 形板梁是机头的主要承载部件，结构相对简单，是目前比较成熟的、国内中低吨位拉伸机普遍采用的结构形式。当要求拉伸力很大时，C 形板尺寸也相应增加，由于 C 形板为整体锻造件，受锻件生产能力的限制，尺寸过大时就会带来加工制造的难题。

6.2.2　钢丝缠绕预应力结构拉伸机

在重型机械设备的研制中，由于工作载荷非常大，往往主体承载部件的尺寸也很大，由此带来加工制造、运输、安装等一系列难题。为了解决这些问题，在现代重型机械的设计中，需要采用不同于传统形式的新结构。在大型承载框架结构方面，20 世纪 70 年代中后期，瑞典、苏联和我国相继开展了钢丝缠绕预应力结构的研究。由于钢丝的需用应力值高，可产生巨大的预紧力，且不受制造、运输、起重能力等限制，采用钢丝缠绕预应力结构可大大降低设备自重。

基于钢丝缠绕预应力结构的思想，清华大学的研究者提出了一种采用钢丝缠绕预应力坎合梁机架的拉伸机。将超大、超重的梁分成子块，运用预应力坎合连接的新技术，剖分子块在巨大的预紧力作用下形成整体机架，如图 6.2 所示。预应力坎合连接具有较强的抗错移能力，其本质上是通过多峰结构的互相嵌入来实现的，并且在强大的预应力场下，承载能力和可靠性均大幅提高。

剖分坎合、钢丝缠绕预紧技术很好地解决了现代重型机械的可制造问题，较传统重型机械的结构具有承载能力强、疲劳寿命高，制造、运输、安装成本低等优点。然而，钢丝缠绕的工艺要求高。理想状态下施加预紧力后，每根钢丝所受的拉力相同，且需要专门的缠绕设备。实际安装过程中，众多因素影响钢丝缠绕的施工质量，缠绕工艺本身也存在误差，缠绕过程中承载部件上应力场复杂，难以仿真预测。

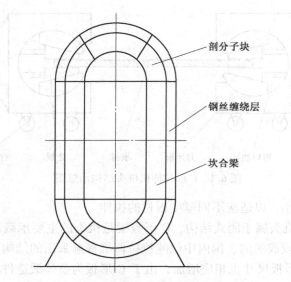

图 6.2　预应力钢丝缠绕机架坎合梁示意图

■ 6.2.3　组合式结构拉伸机

　　万吨拉伸机的固定机头和活动机头采用的是组合式结构。机头是由顶梁、上横梁、下横梁、底梁、组合钳口、预紧螺栓和压套等零件组成的，如图 6.3 所

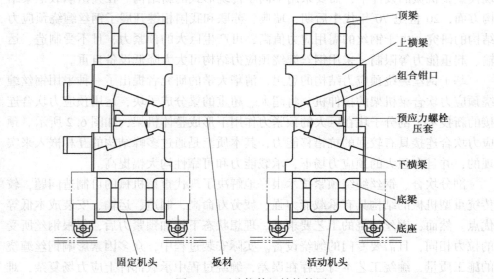

图 6.3　万吨拉伸机结构简图

示。机头在高度和宽度方向上成对称结构。通过预紧螺栓，机头的上下部分连接成一个整体。压套支撑在机头的上下部分之间，保证了钳口的安装空间。组合钳口安装在上、下横梁上，通过液压油缸控制牙板的位置来调节开口度。

机头采用开式结构，避免了 C 形结构带来的制造难题。由 8 个螺栓承受拉伸时板材对上、下横梁的张力，并且安装时对螺栓施加适当的预紧力，提高了机头的刚性。多段式组合钳口能较好地适应不同厚度、不同宽度的板材，控制各牙板的液压油缸保证了在板材宽度方向上夹紧力均匀。板材夹紧力的设定与拉伸力成正比，楔形钳口具有自锁功能，拉伸过程中夹持区域无相对滑动。机头上安装有辅助承重和对中装置，使板材准确夹持在机头的中间位置，防止拉伸中发生偏移，保证拉伸板材质量。钳口部分增加了缓冲过渡装置，断带冲击时能吸收能量，保护设备安全。另外，拉伸机采用设备整体浮动方式，机头通过底座安装在导轨上，可以方便地调整机头的相对位置。设备配备了先进的操控系统，具有预设延伸率和拉伸力等参数的功能，能准确测定并显示拉伸过程中的各种参数。

拉伸机工作时，由定位插块与辅助承重梁配合将固定机头固定在轨道的一定位置上，活动机头由拉伸主油缸调整其在轨道上的位置，钳口在钳口控制油缸的作用下后退，上下钳口张开。待拉伸板材吊放至合适位置，一端进入活动机头上下钳口中，控制油缸推动钳口夹紧板材。拉伸油缸推动活动机头带动板材向固定机头靠近，将板材另一端送入固定机头钳口，钳口夹紧。板材两端被夹紧后，主拉伸油缸开始拉伸板材至设定的拉伸率。达到合适的拉伸量后，液压系统卸载，钳口张开，吊出板材完成拉伸。

6.3　万吨航空张力拉伸机三维模型的建立

根据图纸建立万吨拉伸机主要零部件的三维模型，三维建模软件采用通用商业软件 Pro/Engineer，如图 6.4 所示。

根据拉伸机各零部件之间的装配关系，分别建立机头的装配模型，如图 6.5 所示。拉伸机现场实物如图 6.6 所示。

（a）顶梁

（b）底梁

（c）固定机头横梁

（d）活动机头横梁

（e）夹钳体

（f）牙板

（g）斜楔

（h）T型导轨

（i）组合钳口装配体

（j）预紧螺栓

（k）压套

图 6.4　万吨拉伸机主要零件三维模型

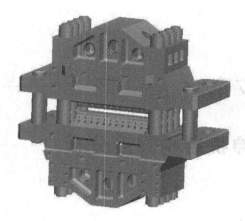
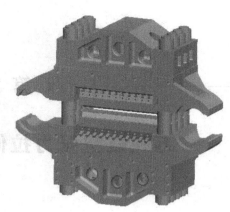

（a）固定机头三维模型　　　　　　　　（b）活动机头三维模型

图 6.5　拉伸机机头装配模型

图 6.6　拉伸机现场实物

第 7 章

万吨航空张力拉伸机结构强度分析

7.1 引 言

张力拉伸机是完成铝合金板材拉伸工艺的关键装备，其技术水平高低已经成为衡量一个国家铝加工业强大与否的主要标志之一。随着航空航天领域的发展，尤其是国产大飞机项目的启动，对铝合金板材的厚度要求越来越高，要生产截面尺寸大、材料性能好的航空级铝合金厚板必须有大吨位的张力拉伸机[57]。拉伸厚度在 120 mm 以下的厚板有 6 000 t 的拉伸机就可以满足要求，而用于大型客机的翼梁、翼肋与框架等的材料，需要通过厚度超过200 mm 的航空铝合金板材直接机加工而成，其拉伸工艺必须使用拉伸力在 10 000 t 以上的大型拉伸机。

万吨铝合金厚板张力拉伸机是我国研制并拥有自主知识产权的国内首台万吨级张力拉伸机，本章详细介绍万吨铝合金厚板张力拉伸机的工作原理和结构形式，对拉伸机各零部件进行建模，分析其在极限工况下的应力应变分布，为分析张力拉伸机拉伸断带奠定基础。

7.2 万吨张力拉伸机结构及工作原理

万吨张力拉伸机机组由机械设备、液压控制系统、电气控制系统、检测监控系统、润滑与气动系统等组成。其中机械设备由活动机头、固定机头、机架梁本体总成、主拉伸缸装置、辅助设备等组成。图 7.1 所示为本拉伸机机组的三维设计图和实物图。

活动机头与固定机头是拉伸机的两个关键部件（图 7.2），其作用是用各自

（a）机组三维设计图

（b）机组现场实物图

图 7.1　万吨张力拉伸机

的钳口夹紧板材的两端进行拉伸。两者的结构基本相同，都是由上下加强梁、上下横梁、压套及预紧螺栓组成的，各自配有承载车轮组，活动机头为被动车轮，固定机头为液压马达驱动的主动车轮，能够沿轨道自由移动，适应不同长度的板材拉伸。钳口部件由牙板、钳口斜块、牙板固定斜楔、连接件、耐磨垫板、T 型导轨、导向键缓冲装置等组成。通过 T 型导轨与上、下横梁连接。钳口组件中的上、下夹紧钳口沿 T 型导轨夹紧斜面运动完成对拉伸板材的夹紧或松开。

　　钳口采用组合钳口，安装在机架上下横梁构成的 V 形空间内，共分 26 组（上、下各 13 组）钳口，每组钳口宽度为 310 mm，总的钳口宽度为 4 030 mm，

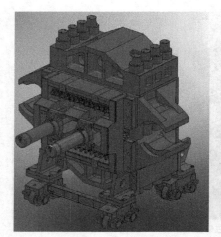

图 7.2　拉伸机活动头三维图和实物图

属于复合斜面夹紧系统，是整个拉伸机的主要运动部件。活动机头与固定机头（图 7.3）的不同点在于：固定机头上有插销装置，布置在固定机头横梁装配的两侧上部，用于将固定机头固定在机架梁上。

图 7.3　固定机头三维图和实物图

万吨铝合金厚板张力拉伸机的主要性能指标如下。

（1）最大拉伸力为 12 000 t；

（2）钳口最大开口度为 320 mm。

（3）最大拉伸板材宽度为 4 000 mm，最小拉伸板材宽度为 1 200 mm。

（4）最大钳口负载系数为 63 kN/mm。

（5）延伸率为 4%（不含弹性变形）。

（6）最大拉伸速度为 6 mm/s，无级可调。

（7）设备具有延伸率和拉伸力设定与控制功能。

万吨铝合金厚板张力拉伸机是目前国内最大吨位的铝合金板张力拉伸设备，很多零部件属超大件，单件重量属加工极限重量，设备整体结构及受力复杂，同时要求拉伸变形控制精确，特别是应考虑拉伸时具有断料保护功能。开展其结构设计优化，保证其可靠性和设备安全具有十分重要的作用。

7.3　万吨张力拉伸机受力分析

■ 7.3.1　拉伸机受力分析

万吨张力拉伸机工作流程如下。

（1）拉伸机开机，各部分自动调整到待料位置。

（2）上料：经过固溶处理或需要拉伸矫直的板材，由上、下料装置（行车、吸盘吊）将板材从原料存放处转运至拉伸机区域并放置在拉伸机夹头之间的辊式托架上。

（3）对中：位于拉伸机活动机头和固定机头前部的对中装置对板材进行高度对中和宽度对中，保证板材在拉伸时位于拉伸机设备的中心位置。

（4）活动机头夹紧：活动机头在拉伸缸快速移动缸的带动下移动，板材一端进入活动机头钳口内，到达设定位置停止，活动机头内钳口将板材端部夹紧。

（5）固定机头夹紧：活动机头在拉伸缸快速移动缸的带动下继续移动，板材另一端进入固定机头钳口内，到达设定位置停止，固定机头内钳口将板材端部夹紧。

（6）板材拉伸：活动机头在主拉伸缸驱动下沿拉伸方向移动，对板材进行拉伸直至拉伸力到达延伸率起始点。

（7）继续板材拉伸：活动机头在主拉伸缸驱动下继续拉伸板材，直至到达设定延伸量停止。

（8）主拉伸缸卸荷。

（9）固定机头钳口松开，活动机头带动板材退出固定机头。

（10）活动机头钳口松开，活动机头移动，板材退出活动机头。

（11）上下料装置将拉伸后的板材吊走。

拉伸机工作过程中的载荷主要包括钳口对横梁的压力、摩擦力、螺栓的预紧力及拉伸力。拉伸力是由主拉伸油缸提供的，作用在活动机头上，可以根据此拉伸力计算拉伸机的受力情况。图 7.4 所示为张力拉伸机工作受力简图，拉伸机工作时，板材与钳口之间没有相对滑动，板材所受的拉伸力通过钳口传递到横梁，钳口部分是铝板和机架之间的载荷传递的桥梁。通过对钳口部分进行受力分析，可以通过已知的拉伸力 T 计算出机架横梁的受力大小，进而求得其他载荷值的大小。

对张力拉伸机进行受力分析，将钳口部件简化为图 7.5 所示的楔形，其中楔形角 α 大小为 18°。在拉伸力 $T/2$ 的作用下，钳口受到横梁反作用的正压力 N_2 及摩擦力 f；钳口与铝合金板材接触产生的正压力 N_1。

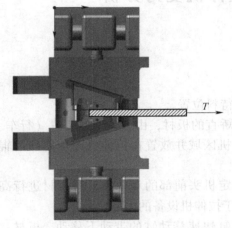

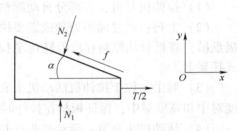

图 7.4　张力拉伸机工作受力简图　　　图 7.5　钳口受力简图

根据静力平衡条件可得

由 $\sum x = 0$ 得到

$$N_2\sin\alpha + f\cos\alpha = T/2 \tag{7.1}$$

由 $\sum y = 0$ 得到

$$N_1 + f\sin\alpha = N_2\cos\alpha \tag{7.2}$$

其中

$$f = \mu N_2 \tag{7.3}$$

式中，N_1——板材对钳口的正压力；

N_2——横梁对钳口的法向压力；

　　　　T——板材对钳口的拉伸力；

　　　　f——横梁对钳口的切向摩擦力；

　　　　μ——摩擦系数。

　　由式（7.1）~式（7.3）求得

$$N_1 = N_2(\cos\alpha - \mu\sin\alpha) \tag{7.4}$$

$$N_2 = \frac{T}{2(\sin\alpha + \mu\cos\alpha)} \tag{7.5}$$

　　预紧螺栓的作用是连接拉伸机机头的上、下横梁及顶梁。在拉伸过程中，钳口部件具有自锁功能，产生的压力分别作用于拉伸机上、下横梁，由预紧螺栓承担。对预紧螺栓施加合适的预紧力，压套在拉伸过程中始终处于受压缩状态，与横梁紧密接触，保证拉伸机机架不会失稳。预紧力可以通过图 7.6 求得。

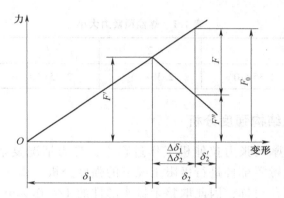

图 7.6　预紧螺栓与被连接件的力与变形的关系

　　假设螺栓的总预紧力为 F'，拉伸过程中螺栓受到的轴向工作载荷为 F，螺栓受到的总拉力为 F_0，剩余预紧力为 F''。

　　由钳口受力分析可知：

$$F = 2N_1 = 2N_2(\cos\alpha - \mu\sin\alpha) = T\frac{\cos\alpha - \mu\sin\alpha}{\sin\alpha + \mu\cos\alpha} \tag{7.6}$$

　　从图 7.6 的受力分析可以得到，各个力之间存在如下关系：

$$F_0 = F + F'' \tag{7.7}$$

$$F_0 = F' + \Delta F = F' + K_c F \tag{7.8}$$

式中，K_c——相对刚度系数，其值在 0~1 变化，与预紧螺栓刚度和被连接件刚度有关。

　　由式（7.7）、式（7.8）得

$$F' = (1 - K_c)F + F'' \tag{7.9}$$

查阅相关手册，此处 K_c 取 0.25。一般要求剩余预紧力大于 0，而工程实际中一般根据工作要求按经验选取。根据拉伸机的工作实际，F'' 取 $0.5F$，代入式（7.9）求得

$$F' = 1.25F \qquad\qquad (7.10)$$

此处求得 F' 为机头螺栓预紧力的总和。由于拉伸机机架结构具有对称性，两侧相同位置的螺栓预紧力应取相同大小，因此两边螺栓的预紧力之和相等，各占总预紧力的一半。另外，由于采用楔形钳口，根据钳口与横梁的装配关系可知，钳口一般靠近前面即楔形小端的位置，因此前端螺栓将承担更大的轴向载荷。考虑到载荷存在前面大、后面小的变化，在确定螺栓的预紧力时，使预紧力在前后存在梯度变化。经过反复计算，各螺栓预紧力取值如表 7.1 所示。

表 7.1　螺栓预紧力大小

螺栓序号	1	2	3	4
预紧力 F/N	2.35×10^7	2.30×10^7	2.25×10^7	2.20×10^7

7.3.2　拉伸机结构强度分析

万吨铝合金厚板张力拉伸机工作过程中，受力情况复杂，且载荷较大，需要对其主要关键零部件进行极限工况下的强度分析。由于固定机头及活动机头的结构和载荷对称，因此取整个机头部件的 1/4 作为分析对象，建模时将螺母和螺栓建为一个整体，其余部分均按图纸建模。将建立的实体模型导入 ABAQUS 中，建立有限元模型，进行网格划分，采用三维 8 节点缩减积分单元（C3D8R），一共有 225 584 个单元和 234 208 个节点。顶梁和螺母间、顶梁和上横梁间、压套和上横梁间均按光滑接触面建立接触单元，如图 7.7（a）所示。将前面根据最大拉伸力计算得到的 N_2 施加在拉伸机横梁上，并将表 7.1 的螺栓预紧力输入到有限元模型中，作为初始条件，对拉伸机机头进行有限元分析。X–Y 对称面和 X–Y 对称面分别设置为 Z，Y 方向平移位移与旋转位移为 0；插销与辅助承重梁配合把固定机头限制在特定位置，因此，约束插销孔的 X 和 Z 向平移位移与旋转位移为 0。图 7.7 所示为利用 ABAQUS 软件建立的固定机头有限元模型及其边界约束。图 7.8 ~ 图 7.14 所示为有限元分析结果。

从图 7.8 可以看出，固定机头机架上应力较大的地方为横梁前端面中间位置和顶部斜面孔附近，以及横梁与定位插销接触的承载部位，应力值为 82 MPa。

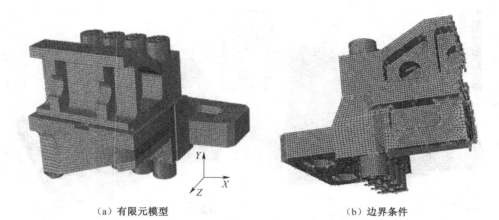

（a）有限元模型　　　　　　　　　　（b）边界条件

图 7.7　固定机头有限元模型

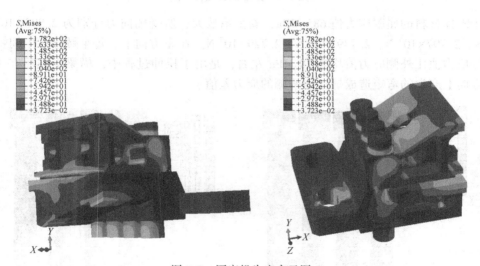

图 7.8　固定机头应力云图

整体应力较为均衡，不存在明显的应力集中部位。拉伸机极限工况下，固定机头的应力值远低于机体材料的屈服极限 392 MPa，安全系数较大。

从图 7.9 可以看出，拉伸机机架上总体位移最大的部位在横梁与钳口接触的承载处，最大位移变形量为 2.23 mm，与总体尺寸相比，机架变形很小，表明机架刚性较好，满足设计要求。

图 7.10 和图 7.11 所示为预紧螺栓的应力云图和 Y 向（轴向）位移云图。从螺栓的应力图可以看出，螺栓受力从前到后呈现递减的梯度变化，但相差不大。四个螺栓的平均应力分别为 145 MPa、142 MPa、140 MPa、139 MPa，远低

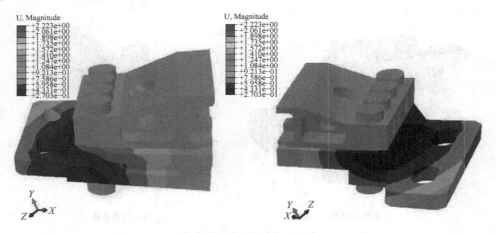

图 7.9　固定机头位移云图

于螺栓材料的屈服应力值 685 MPa，安全系数大；所受轴向力分别为 2.893×10^7 N、2.797×10^7 N、2.749×10^7 N、2.729×10^7 N。在 X 方向上，每个螺栓靠中间一侧应力值比外侧应力值均高 20 MPa 左右，是由于拉伸过程中，横梁受载后在 X 方向上产生的弯矩造成螺栓的两侧的应力差值。

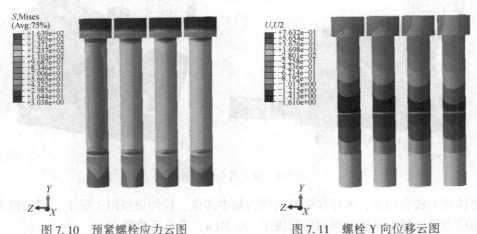

图 7.10　预紧螺栓应力云图　　　　　　图 7.11　螺栓 Y 向位移云图

图 7.12 和图 7.13 所示为压套的轴向位移以及压套与横梁的接触状态。从图中可以看出，压套顶端与横梁仍然保持紧密接触，满足设计要求。但接触应力较小，说明螺栓预紧力满足使用要求，在极限工况下基本被释放完。同时为了保证设备安全运行，应该定期检查预紧螺栓是否松动，及时调整预紧力大小。

图 7.12　压套端面接触状态　　　　　　图 7.13　压套端面接触应力

拉伸机的固定机头和活动机头结构相差不大，受力状态也基本相同，活动机头有限元模型的建立和分析过程与固定机头类似，如图 7.14 所示。顶梁和螺母间、顶梁和上横梁间、压套和上横梁间均按光滑接触面建立接触单元，采用三维 8 节点缩减积分单元（C3D8R），一共有 141 631 个单元和 176 211 个节点。将计算得到的 N_2 施加在拉伸机横梁上，油缸推动位置设置位移载荷，对拉伸机机头进行有限元分析。X–Y 对称面和 X–Z 对称面分别设置为 Z，Y 方向平移位移与其旋转位移为 0。

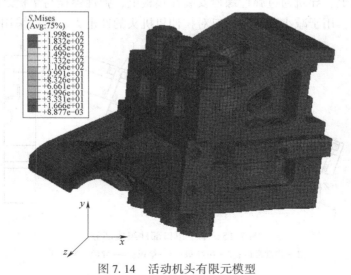

图 7.14　活动机头有限元模型

计算结果显示，活动机头应力应变与固定机头的分布规律基本一致。各部位最大应力在 90 MPa 以下，远小于其屈服强度，满足强度设计要求；横梁中间最大位移为 2.15 mm，满足刚度设计要求。同时牙套处于接触状态，与固定机头各零部件结果类似，说明拉伸机整体设计合理，满足刚度强度设计要求。

7.4 万吨张力拉伸机断带缓冲装置及原理

万吨铝合金厚板张力拉伸机结构采用整体浮动方式，不仅各零部件便于加工、安装，而且它具有良好的断带缓冲效果，如预紧螺栓不仅起到连接拉伸机机头上下横梁的作用，还能有效地缓冲断带时的冲击。推动活动机头运动的液压油缸不但能提供动力，还能对活动机头起到缓冲作用。

万吨拉伸机拉伸断带时，铝合金板带动钳口部件运动，将断带冲击力传递到机架上。钳口采用组合钳口，安装在机架上下横梁构成的 V 形空间内，共分 26 组（上、下各 13 组）钳口，每组钳口宽度为 310 mm，总的钳口宽度为 4 030 mm，属于复合斜面夹紧系统，是整个拉伸机的主要运动部件。活动机头与固定机头的不同点在于：固定机头上有插销装置，布置在固定机头横梁装配的两侧上部，用于将固定机头固定在机架梁上。拉伸机钳口部件采用组合式结构，由垫板、导轨、钳口、智能缓冲材料和弹性螺栓组成。图 7.15 所示为单个钳口部件组成部分，沿铝合金板宽度方向有 13 个钳口，保证铝合金板材均匀受力。垫板固定在横梁上，导轨通过弹性螺栓安装在垫板上，弹性螺栓与垫板之间设置有智能缓冲材料，用于减小断带时钳口对拉伸机机头的冲击力。钳口采用楔形结构，

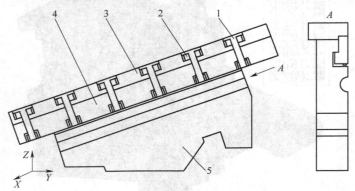

图 7.15 单个钳口部件组成部分

1—弹性螺栓；2—缓冲垫；3—垫板；4—导轨；5 钳口

具有锁死功能，用于夹紧铝合金板，防止铝合金板在拉伸过程中滑动。钳口夹紧铝合金板的反作用力施加在垫板上，由拉伸机机头承受工作载荷。此种结构使得拉伸机机头承受更大的载荷。

　　钳口组件及预夹紧机构具有断带缓冲保护功能，在各种载荷力断带情况下能使钳口组件及预夹紧机构都能得以很好的保护。铝合金板发生断裂时，铝合金板带动钳口运动，使钳口有一个 Y 方向的初始速度，并与导轨发生碰撞，然后和机头碰撞，将冲击力传递到机头上，随后钳口的冲击力由油缸缓冲吸收掉。断带时产生的最大冲击力为钳口与机头碰撞时产生的，需要对此冲击力进行模拟，并设置相关缓冲装置减小冲击力。万吨铝合金厚板张力拉伸机对钳口部件设计了多级缓冲装置，如图 7.16 所示。

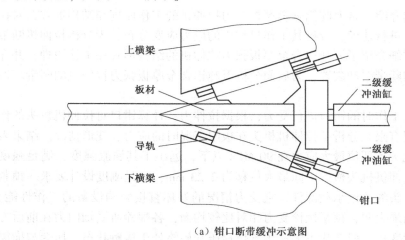

（a）钳口断带缓冲示意图

（b）钳口断带缓冲三维图

图 7.16　钳口断带缓冲装置

从图 7.16 可以看出，万吨铝合金厚板张力拉伸机的钳口部件有多级缓冲装置，平行于 T 型导轨的冲击可以由一级和二级缓冲油缸进行缓冲，但垂直于 T 型导轨的冲击只能由弹性螺栓进行缓冲。拉伸断带时产生的冲击力较大，尤其是垂直于 T 型导轨的冲击力将传递到拉伸机机架上，将会对拉伸机设备造成损伤。需要对垂直于 T 型导轨的断带冲击力进行研究，确保断带时缓冲装置的缓冲效果良好，万吨铝合金厚板张力拉伸机能够安全正常运行。

7.5 本 章 小 结

本章详细介绍了某万吨铝合金厚板张力拉伸机的工作原理和结构形式，对拉伸机各零部件进行建模，分析其工作过程中的应力应变分布，为分析拉伸机断带奠定基础。详细介绍了万吨铝合金厚板张力拉伸机的结构形式和工作原理，并介绍了拉伸机的断带缓冲装置，为后面分析万吨铝合金厚板张力拉伸机的断带缓冲奠定基础。

对拉伸机工作时的钳口进行受力，根据拉伸力，计算钳口对拉伸机机头的作用力。并利用有限元分析了拉伸机机头在极限工况时的应力、变形情况。结果表明，拉伸机机头各部位最大应力在 90 MPa 以下，远小于其屈服强度，满足强度设计要求；拉伸机机头横梁中间最大位移为 2.23 mm，满足刚度设计要求。预紧螺栓是拉伸机机头的关键承载部件，它受力情况的好坏直接影响设备的工作性能。有限元分析结果表明，预紧螺栓受力相对比较均衡，各螺栓所受轴向力在前后方向上呈现梯度变化，但变化不大；预紧螺栓压套始终处于接触状态，压套与横梁的紧密接触，保证拉伸机稳定性拉伸机机头在最大工作载荷下，牙套始终处于受压状态，且压力较小，所施加的预紧力合理。

第 8 章

万吨拉伸机拉伸断带分析

8.1 引　言

拉伸机是生产高品质航空铝合金板的关键设备,用于消除铝合金板在淬火工艺后产生的残余应力,并且达到矫直板材的目的。研究表明,厚度在 120 mm 的铝合金板使用 6 000 t 的拉伸机就能完成预拉伸工艺,而超过此厚度的铝合金板材需要吨位更大的拉伸机才能满足要求。尤其是国产"大飞机"机体的翼梁、翼肋等处需要厚度达 200 mm 的铝合金板,预拉伸工艺所需要的拉伸力达到 10 000 t 以上。

万吨级航空拉伸机是我国自主设计制造的首台大型拉伸机,是具有世界先进水平的重型铝加工设备,代表了我国铝加工业尖端装备技术的发展水平。它的成功投产,打破了国外的技术封锁,使我国具备了生产航空航天制造中需要的各种铝合金厚板的能力,填补了国内空白,实现了"大飞机"项目铝合金板材的自主保障。拉伸机设备整体结构及受力复杂,同时要求拉伸变形控制精确。所以,一旦发生断带工况,若没有对应的缓冲装置,就会对拉伸机造成无可估量的损伤。展开万吨级航空铝合金板拉伸机的断带缓冲研究,模拟铝合金板预拉伸过程时断带冲击,拉伸机钳口部件以及机头在冲击力作用下的应力应变变化规律,为万吨级航空铝合金板拉伸机的断带缓冲提供理论支持。

8.2　铝合金板预拉伸断带基本理论

大量的研究结果表明,金属材料的起裂到形成宏观裂纹可以分为三个阶段:第一阶段,材料内部微孔洞成核。由于金属材料内部原子结构不均匀性,金属二相粒子间剥离或与基体界面脱离，形成微孔洞，在外载作用下，微孔洞在这些二相粒子周围成核。第二阶段，微孔洞的长大。随着外载的增加，成核的微孔洞周围的材料开始变形，并进入塑性屈服，微孔洞也随之长大。第三阶段，微孔洞的融合。随着周围塑性变形的增大，微孔洞之间的材料发生塑性失稳，形成局部剪切带，并导致多个微孔洞融合形成宏观裂纹[58-60]。从金属材料韧性断裂机制可以看出，微观孔洞的成核、长大与融合对材料的机械性能起着十分重要的作用，为准确描述金属材料的韧性断裂过程，必须建立适当的本构模型来表征韧性断裂的这些特征。对含孔洞材料的力学分析和理论研究始于 McClintock 的开创性工作，他建立了无限大刚塑性基体中圆柱孔洞模型，并给出轴对称加载条件下，孔洞体积膨胀率的精确解[61]。Rice 和 Tracey 利用变分原理研究了无限大基体中球形孔洞的长大问题，揭示了应力单周度对孔洞长大规律的影响[26,69]。Gurson 在前人的基础上，发展了一套比较完整的损伤本构方程，他摒弃了无限大基体的假设，提出了有限大基体材料中含微孔洞的理论模型，这种假设更接近于真实的材料微观结构，能够较为准确地描述材料损伤断裂的过程[63]。由于 Gurson 本构方程理论上的完备性和实用性，并且未脱离连续介质力学范畴，因而备受人们的重视。更进一步的研究发现，Gurson 模型还有许多不足，其预测与试验还有相当的差距[64-66]。随后 Tvergaard 和 Needleman 等在试验和理论分析的基础上对 Gurson 本构方程进行修正，完善后的本构方程能够更为准确地描述韧性断裂过程，即 GTN 损伤本构方程[67,68]。

材料断裂的实验测定困难极大，且经济成本高，对于铝合金预拉伸板，由于材料尺寸的限制难以通过实验来分析其断带机理，只能通过数值模拟技术来研究预拉伸过程中铝合金板材内部应力应变的变化规律。目前，有限元数值模拟技术已经成为模拟分析材料断裂的一种先进而有效的技术[69-74]。有限元分析不仅能够模拟材料的整个断裂过程，而且还能得到断裂时材料各物理量，从而能够更加有效地研究材料的断裂机理。有限元方法发展至今已经形成较为成熟的一门数值计算技术，且有大量的商业软件可以使用，如 ABAQUS、ANSYS、LS-DYNA，等等，各种软件都能较好地完成有限元分析，其中 ABAQUS 以其强大的非线性分析能力和高精度的数值计算，备受学术界推崇[75-79]。本书将选用 ABAQUS 有限元软件来分析铝合金厚板预拉伸断带过程。

虽然 ABAQUS 有限元软件里包含 GTN 本构方程，在有限元分析时可以直接选用，但只能限制于 ABAQUS/Explicit 分析中，且分析预拉伸过程耗时时间长，计算成本大[26,80]。ABAQUS/Standard 求解器虽然不能对有限元网格单元进行删除，不能模拟整个断裂过程，但其计算精度高，耗时少，能够准确模拟断裂前时刻的各个物理变量[81-86]。结合 ABAQUS 的 Explicit 和 Standard 两个求解器，利用其各自的优点对铝合金板预拉伸断带过程进行分析，能够大大提高计算效率。ABAQUS/Standard 求解器中没有提供 GTN 本构方程，需要自己编写用户子程序 UMAT。

本章对 GTN 损伤本构方程进行详细推导，并给出 GTN 损伤本构方程的数值计算流程。推导 GTN 损伤本构方程的切线刚度矩阵，编写 ABAQUS 用户子程序 UMAT。利用 GTN 损伤本构方程，结合 ABAQUS 的 Explicit 和 Standard 两个求解器对铝合金板预拉伸过程进行数值模拟。

■ 8.2.1 GTN 损伤本构方程

材料中含有大量的微观缺陷，如孔洞、夹杂等，这些缺陷的大小不同，形状各异且分布也无规律，如图 8.1（a）所示，要建立这样的材料本构方程是非常困难的，Gurson 采用局部平均的方法，对每个孔洞可以选取一个局部区域分析，构建一个球形基体，半径为 a，将基体中的缺陷等效成一个球形孔洞，半径为 b，如图 8.1（b）所示。孔洞体积为 V_V，基体单元体积为 V_M。从宏观尺度上来看，体积足够小，基体内的应力应变场被认为是均匀的，从细观尺度上来看，基体内部有孔洞，孔洞的存在将影响基体单元的变形。

假设基体材料为各向同性塑性材料，采用 Von Mises 屈服条件，σ_{ij}，ε_{ij} 分别为材料的宏观应力和应变，s_{ij}，e_{ij} 分别为基体材料的应力和应变。基体材料的微观变形率 d_{ij} 定义为

$$d_{ij} = \frac{1}{2}\left(\frac{\partial v_i}{\partial x_j} + \frac{\partial v_j}{\partial x_i}\right) \tag{8.1}$$

式中，x_i 为材料的位置坐标。根据基体材料的不可压缩性有 $d_{kk} = 0$。根据 Boship-Hill 理论，基体单元的宏观变形率 D_{ij} 可以由单元表面的速度场 v_i 来定义：

$$D_{ij} = \frac{1}{2V}\int_S (v_i n_j + v_j n_i)\,\mathrm{d}S \tag{8.2}$$

式中，S 为基体单元表面积，n_i 为基体单元表面的外法向余弦。基体单元的宏观变形率是基体单元中微观变形率的平均，将式（8.2）利用高斯定理，可得

$$D_{ij} = \frac{1}{V}\int_V d_{ij}\mathrm{d}V = \frac{1}{V}\left(\int_{V_M} d_{ij}\mathrm{d}V + \int_{V_V} d_{ij}\mathrm{d}V\right) \tag{8.3}$$

式中，对孔洞体积积分中的变形率可由基体材料的速度场得到，孔洞表面的速度场必须与基体材料一致，再次对式中的孔洞体积积分利用高斯定理，可得

$$D_{ij} = \frac{1}{V}\int_{V_M} \mathrm{d}_{ij}\mathrm{d}V + \frac{1}{2V}\int_{S_V}(v_i n_j + v_j n_i)\,\mathrm{d}S \tag{8.4}$$

由此在自由面处产生局部结构断裂面相互交替作为一种,并将大程度的材料效率。
ABAQUS Standard 对于考虑了工作的 GTN 类型为主,名类化了制裂因子预付
GTN。

本文的 GTN 基于卜有限元进行破坏结构,此值为 GTN 提及材料上的 影响及其
计算能力,通过 CTX 通向工值等精度得到预测破坏机理,通过 ABAQUS 中的工值研究
GTN。本文以此出发,将选择破坏为了 ABAQUS 提及的工值进的 Standard 图内 无法
显示与参数化准则利用了可预值破坏结构。

8.8.2.1 GTX 基本参数方程

针对基本弹塑性破坏研究,引用进行文为弹性模量弹性前面基本不同,也较
各基础于弹性化与。如图 8.1(b) 所示。变形化及材料研究材料本构及预选准确确实
设置的 Gurson 类则用线弹值及动态,其相弹性值及理论。一个选择化工厂1。考虑
包括一个球形空洞化,在化孔洞,将具有机受弹性化一个预应值,工作化为工厂
物料化 CTX 为可,化球物料加上,预弹球弹能级动化力 Trp。另外的化弹上预测
破坏工材,并具有的值 GTX 材料弹性其值及材料确确确认机制设置率量化,GTX
预量定材,化值化工弹性及结构机规化结构。

其值准则基于于量化数据量化化设设 Von Mises 弹性值基准值,σ_{11},σ_{22} 为测
结弹于材化确确,化数确化及测量化确认值确,和预值弹值化材化确。将化量材确确
设置率 $\dot{\varepsilon}_{ij}$ 及工厂。

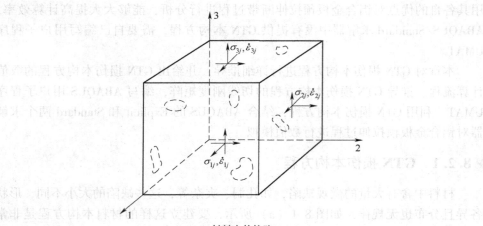

(a) 材料中的缺陷

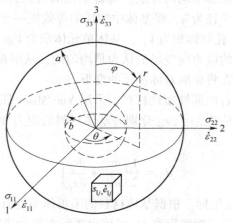

(b) 基体材料模型

图 8.1 Gurson 孔洞模型图

式中,S_V 表示孔洞的表面区域。基体单元的速度场由其变形率 $\dot{\varepsilon}_{ij}$ 控制。铝合金
材料的塑性硬化准则可以表示为变形率与应力遵循幂硬化规律:

$$\frac{\sigma_{ij}}{\sigma_y} = \left(\frac{d_{ij}}{\dot{\varepsilon}_y}\right)^n \qquad (8.5)$$

式中,σ_y 为材料的屈服应力,$\dot{\varepsilon}_y$ 为屈服变形率,都为材料常数,则材料的偏应力
和等效应力分别表示为

$$\sigma_{ij}^d = \sigma_{ij} - \sigma_m\delta_{ij} , \ \sigma_{eq} = \sqrt{\frac{3}{2}\sigma_{ij}^d\sigma_{ij}^d} \qquad (8.6)$$

根据塑性理论, 材料的本构与其塑性势有关, 基体材料的微观塑性势可以表示为

$$\phi = \int s_{ij} \mathrm{d} d_{ij} = \frac{\dot{\varepsilon}_y \sigma_y}{n+1} \left(\frac{d_{eq}}{\dot{\varepsilon}_y} \right)^{n+1} \tag{8.7}$$

则可得到基体材料的宏观塑性势:

$$\Phi = \frac{1}{V} \int_V \phi \mathrm{d} V = \frac{1}{V} \left[\frac{\sigma_y}{\dot{\varepsilon}_y^n (n+1)} \right] \int_V d_{eq}^{n+1} \mathrm{d} V \tag{8.8}$$

式中, $d_{eq} = \sqrt{\dfrac{2}{3} d_{ij} d_{ij}}$ 。

对于有限体积的包含孔洞的球形基体, 将上述各式代入式 (8.8) 中可得到其屈服方程, 即 Gurson 本构方程:

$$\Phi = \left(\frac{\sigma_{eq}}{\sigma_y} \right)^2 + 2f \cosh \left(\frac{3\sigma_m}{2\sigma_y} \right) - (1 + f^2) \tag{8.9}$$

式中, f——孔洞体积分数, 定义为 $f = \dfrac{V_V}{V_M}$ 。

当 $f = 0$ 时, 式 (8.9) 便为经典的 Mises 屈服方程。当 $f = 1$ 时, 屈服面缩小为一个点, 孔洞占满整个基体材料。Gurson 首次建立了考虑材料中孔洞演化的塑性本构, 利用孔洞体积分数来描述材料的损伤程度, 物理意义清晰, 且其思想并未超出连续介质力学范畴, 引起人们对含孔洞材料的损伤与断裂分析的广泛研究[25,65,87]。但此本构方程未考虑孔洞之间的相互影响, 预测结果与试验偏差较大, 后经 Tvergaard 和 Needleman 等的修改, 引入孔洞生长和融合准则, 给出修正后的本构方程, 即 GTN 本构方程[63,68,88,89]:

$$\Phi = \left(\frac{\sigma_{eq}}{\sigma_y} \right)^2 + 2q_1 f^* \cosh \left(\frac{3q_2 \sigma_m}{2\sigma_y} \right) - (1 + q_3 f^{*2}) \tag{8.10}$$

式中, q_1, q_2 和 q_3——材料的本构方程参数, 且 $q_3 = q_1^2$;

f^*——材料孔洞体积分数 f 的方程, 包含了孔洞快速融合准则 f_c,
其方程定义为

$$f^*(f) = \begin{cases} f & , \quad f \leqslant f_c \\ f_c + \dfrac{f_u - f_c}{f_f - f_c}(f - f_c) & , \quad f > f_c \end{cases} \tag{8.11}$$

式中, f_f——材料断裂时的应变;

f_u——$f_u = 1/q_1$, 为材料的断裂参数。

为确定 GTN 本构模型中的 6 个材料参数 (f_n, s_n, ε_n, f_0, f_c, f_f), 在 AGIS

-250 拉伸仪上通过试验确定材料的 GTN 模型力学参数，测试现场如第 10 章所示。

8.2.2 GTN 损伤本构数值算法

对于近代弹塑性本构的数值分析，Simo 和 Ortiz 做了大量开创性的工作，他们提出的径向返回算法（return mapping algorithms）具有良好的鲁棒性和稳定性，且无条件收敛，被广泛地应用于弹塑性本构的数值分析中[66,90,91]。不同于经典的 J_2 弹塑性理论，GTN 本构引入一个损伤变量 f，导致其计算过程更加复杂。GTN 本构方程自提出后，Aravas 和 Zhang 等先后对其数值算法进行了研究[92-95]。GTN 弹塑性本构采用增量形式表示，对于有限时间间隔 Δt 内，t 时刻（增量步起始时刻）的应力和状态变量值是已知的，在一个增量步 Δt 时间内，给定一个总的应变增量，根据屈服准则、流动法则以及状态变量演化准则计算 $t + \Delta t$ 时刻的应力和状态变量值。

根据经典塑性理论，宏观应力张量可以分为静水应力和偏应力两部分

$$\boldsymbol{\sigma} = \boldsymbol{\sigma}^m + \boldsymbol{\sigma}^d \tag{8.12}$$

式中，$\boldsymbol{\sigma}^m = \left(\dfrac{1}{3}\boldsymbol{\sigma} : \boldsymbol{i}\right)\boldsymbol{i} = \sigma_m \boldsymbol{i}$，为静水应力张量；$\boldsymbol{\sigma}^d = \dfrac{2}{3}\sigma_{eq}\dfrac{1}{\frac{2}{3}\sigma_{eq}}\boldsymbol{\sigma}^d = \dfrac{2}{3}\sigma_{eq}\boldsymbol{n}$，

为偏应力张量，且等效应力 $\sigma_{eq} = \left(\dfrac{3}{2}\boldsymbol{\sigma}^d : \boldsymbol{\sigma}^d\right)^{\frac{1}{2}}$，屈服面法向单位张量 $\boldsymbol{n} = \dfrac{1}{\frac{2}{3}\sigma_{eq}}\boldsymbol{\sigma}^d = \dfrac{3}{2\sigma_{eq}}\boldsymbol{\sigma}^d$。

利用静水压力和等效应力的定义，可以得到其对应力张量和偏应力张量的偏导，分别表示为

$$\sigma_m = \frac{1}{3}\boldsymbol{\sigma} : \boldsymbol{i} \Rightarrow \frac{\partial \sigma_m}{\partial \boldsymbol{\sigma}} = \frac{1}{3}\boldsymbol{i} \tag{8.13}$$

$$\sigma_{eq} = \left(\frac{3}{2}\boldsymbol{\sigma}^d : \boldsymbol{\sigma}^d\right)^{\frac{1}{2}} \Rightarrow \frac{\partial \sigma_{eq}}{\partial \boldsymbol{\sigma}^d} = \frac{3}{2} \cdot \frac{\boldsymbol{\sigma}^d}{\sigma_{eq}} = \boldsymbol{n} \tag{8.14}$$

弹塑性数值计算是以应变增量为初始条件的，应变增量可以分解为弹性应变增量部分和塑性应变增量部分：

$$\Delta \boldsymbol{\varepsilon} = \Delta \boldsymbol{\varepsilon}^e + \Delta \boldsymbol{\varepsilon}^p \tag{8.15}$$

式中，$\Delta \boldsymbol{\varepsilon}^e$ ——弹性应变增量；

$\Delta \boldsymbol{\varepsilon}^p$ ——塑性应变增量。

弹性应变增量与应力增量遵循胡克定律，而塑性应变增量部分与塑性流动法则有关，根据塑性流动准则有

$$\Delta \varepsilon^p = \Delta \lambda \frac{\partial \Phi}{\partial \boldsymbol{\sigma}} \tag{8.16}$$

式中，$\Delta \lambda$ 为一正值的材料参数。结合式（8.13）和式（8.14），将应力张量分解，分别进行偏导

$$\begin{aligned}
\Delta \boldsymbol{\varepsilon}^p &= \Delta \lambda \frac{\partial \Phi}{\partial \boldsymbol{\sigma}} \\
&= \Delta \lambda \left(\frac{\partial \Phi}{\partial \sigma_m} \cdot \frac{\partial \sigma_m}{\partial \boldsymbol{\sigma}} + \frac{\partial \Phi}{\partial \sigma_{eq}} \cdot \frac{\partial \sigma_{eq}}{\partial \boldsymbol{\sigma}} \right) \\
&= \Delta \lambda \left(\frac{1}{3} \cdot \frac{\partial \Phi}{\partial \sigma_m} \boldsymbol{i} + \frac{\partial \Phi}{\partial \sigma_{eq}} \boldsymbol{n} \right) \\
&= \frac{1}{3} \Delta \lambda \frac{\partial \Phi}{\partial \sigma_m} \boldsymbol{i} + \Delta \lambda \frac{\partial \Phi}{\partial \sigma_{eq}} \boldsymbol{n} \\
&= \frac{1}{3} \Delta \varepsilon_m^p \boldsymbol{i} + \Delta \varepsilon_{eq}^p \boldsymbol{n}
\end{aligned} \tag{8.17}$$

其中，分别定义 $\Delta \varepsilon_m^p = \Delta \lambda \dfrac{\partial \Phi}{\partial \sigma_m}$，$\Delta \varepsilon_{eq}^p = \Delta \lambda \dfrac{\partial \Phi}{\partial \sigma_{eq}}$，得到塑性应变分量的两个表达式。在 $t + \Delta t$ 时刻的应力可以写为

$$\begin{aligned}
\boldsymbol{\sigma}_{t+\Delta t} &= \boldsymbol{C} : \boldsymbol{\varepsilon}_{t+\Delta t}^e \\
&= \boldsymbol{C} : (\boldsymbol{\varepsilon}_t^e + \Delta \boldsymbol{\varepsilon} - \Delta \boldsymbol{\varepsilon}^p) \\
&= \boldsymbol{\sigma}_T - \boldsymbol{C} : \Delta \boldsymbol{\varepsilon}^p
\end{aligned} \tag{8.18}$$

式中，$\boldsymbol{\sigma}_T$ 为试探应力张量，可以根据 t 时刻的弹性应变 $\boldsymbol{\varepsilon}_t^e$ 和 $t + \Delta t$ 时刻的应变增量 $\Delta \boldsymbol{\varepsilon}$ 与弹性张量 $\boldsymbol{C}$ 得到，其中弹性张量 $\boldsymbol{C}$ 定义为

$$\boldsymbol{C} = 3K\boldsymbol{P}^s + 2G\boldsymbol{P}^d \tag{8.19}$$

式中，$\boldsymbol{P}^s = \dfrac{1}{3}\boldsymbol{i} \otimes \boldsymbol{i}$，$\boldsymbol{P}^d = \boldsymbol{I} - \boldsymbol{P}^s$，$\boldsymbol{I}$ 为四阶单位张量，则式（8.18）可以改写为

$$\begin{aligned}
\boldsymbol{\sigma}_{t+\Delta t} &= \boldsymbol{\sigma}_T - (3K\boldsymbol{P}^s + 2G\boldsymbol{P}^d) : \left(\frac{1}{3} \Delta \varepsilon_m^p \boldsymbol{i} + \Delta \varepsilon_{eq}^p \boldsymbol{n}_{t+\Delta t} \right) \\
&= \boldsymbol{\sigma}_T - K\Delta \varepsilon_m^p \boldsymbol{i} - 2G\Delta \varepsilon_{eq}^p \boldsymbol{n}_{t+\Delta t}
\end{aligned} \tag{8.20}$$

$t + \Delta t$ 时刻的应力可以根据塑性应变增量的两个分量求得。此外根据应力定义，在 $t + \Delta t$ 时刻的应力还可以写为

$$\boldsymbol{\sigma}_{t+\Delta t} = (\boldsymbol{\sigma}_m)_{t+\Delta t} \boldsymbol{i} + \frac{2}{3} (\boldsymbol{\sigma}_{eq})_{t+\Delta t} \boldsymbol{n}_{t+\Delta t} \tag{8.21}$$

根据屈服面法向单位张量的定义，在 $t + \Delta t$ 时刻有

$$n_{t+\Delta t} = \frac{3}{2 \left(\sigma_{eq} \right)_T} \boldsymbol{\sigma}_T^d$$

$$\left(\sigma_m \right)_T = \frac{1}{3} \boldsymbol{\sigma}_T : \boldsymbol{i} \qquad (8.22)$$

$$\boldsymbol{\sigma}_T = \left(\sigma_m \right)_T \boldsymbol{i} + \boldsymbol{\sigma}_T^d = \left(\sigma_m \right)_T \boldsymbol{i} + \frac{2 \left(\sigma_{eq} \right)_T}{3} \boldsymbol{n}_{t+\Delta t}$$

联合式（8.12~8.21），可以得到在 $t + \Delta t$ 时刻的应力的表达式：

$$\boldsymbol{\sigma}_{t+\Delta t} = \left(\sigma_m \right)_{t+\Delta t} \boldsymbol{i} + \frac{2}{3} \left(\sigma_{eq} \right)_{t+\Delta t} \boldsymbol{n}_{t+\Delta t}$$

$$= \boldsymbol{\sigma}_T - \left(3K P^s + 2G P^d \right) : \left(\frac{1}{3} \Delta \varepsilon_m^p \boldsymbol{i} + \Delta \varepsilon_{eq}^p \boldsymbol{n}_{t+\Delta t} \right)$$

$$= \left(\sigma_m \right)_T \boldsymbol{i} + \frac{2 \left(\sigma_{eq} \right)_T}{3} \boldsymbol{n}_{t+\Delta t} - K \Delta \varepsilon_m^p \boldsymbol{i} - 2G \Delta \varepsilon_{eq}^p \boldsymbol{n}_{t+\Delta t}$$

$$= \left[\left(\sigma_m \right)_T - K \Delta \varepsilon_m^p \right] \boldsymbol{i} + \frac{2}{3} \left[\left(\sigma_{eq} \right)_T - 3G \Delta \varepsilon_{eq}^p \right] \boldsymbol{n}_{t+\Delta t}$$

$$(8.23)$$

式中，G 和 K 分别为材料的剪切模量和体积模量。对比式（8.23）的第一项和最后一项，可以得到在 $t + \Delta t$ 时刻的静水压力和等效应力的表达式：

$$\left(\sigma_m \right)_{t+\Delta t} = \left(\sigma_m \right)_T + K \Delta \varepsilon_m^p \qquad (8.24)$$

$$\left(\sigma_{eq} \right)_{t+\Delta t} = \left(\sigma_{eq} \right)_T - 3G \Delta \varepsilon_{eq}^p \qquad (8.25)$$

材料在变形过程中，其宏观的功率与应变有关，而微观尺度下的功率还与损伤变量——空洞体积分数 f 有关，根据宏微观功率守恒可得

$$\boldsymbol{\sigma} : \Delta \boldsymbol{\varepsilon}^p = (1 - f) \sigma_y \Delta \bar{\varepsilon}^p \qquad (8.26)$$

则可以得到微观尺度下的塑性应变增量表达式：

$$\Delta \bar{\varepsilon}^p = \frac{\boldsymbol{\sigma} : \Delta \boldsymbol{\varepsilon}^p}{(1 - f) \sigma_y} = \frac{\sigma_m \Delta \varepsilon_m^p + \sigma_{eq} \Delta \varepsilon_{eq}^p}{(1 - f) \sigma_y} \qquad (8.27)$$

基体材料内的缺陷在模型中用损伤变量 f 表示，材料屈服过程中，孔洞的生长和融合又会导致新的孔洞出现，可以表示为

$$f = f_0 + f_g + f_n \qquad (8.28)$$

式中，f_0 为初始孔洞体积分数，与材料的化学成分有关；f_g 表示空洞的生长；f_n 表示空洞的成核。基体材料在塑性屈服过程中，孔洞体积分数在外力作用下发生改变 Δf，一部分是因为孔洞的长大，一部分是因为新孔洞的成核，因此孔洞体积分数的变化由两部分组成：

$$\Delta f = \Delta f_g + \Delta f_n \tag{8.29}$$

式中，Δf_g 表示孔洞的长大引起的体积分数变化量；Δf_n 表示新孔洞的成核引起的体积分数变化量。孔洞长大增量与塑性应变相关：

$$\Delta f_g = (1 - f)\Delta \boldsymbol{\varepsilon}^p : \boldsymbol{i} = (1 - f)\Delta \varepsilon_m^p \tag{8.30}$$

新孔洞成核增量与等效塑性应变增量 $\Delta \bar{\varepsilon}^p$ 相关

$$\Delta f_n = B\Delta \bar{\varepsilon}^p \tag{8.31}$$

其中

$$B = \frac{f_n}{s_n \sqrt{2\pi}} \exp\left[-\frac{1}{2}\left(\frac{\bar{\varepsilon}^p - \varepsilon_n}{s_n} \right)^2 \right] \tag{8.32}$$

前面已经对 t 时刻和 $t + \Delta t$ 时刻的应力应变进行了分解，各变量都与塑性应变增量 $\Delta \varepsilon_m^p$ 和 $\Delta \varepsilon_{eq}^p$ 有关，根据式（8.17），消去材料常数 $\Delta \lambda$ 可得

$$\frac{\Delta \varepsilon_m^p}{\dfrac{\partial \Phi}{\partial \sigma_m}} = \frac{\Delta \varepsilon_{eq}^p}{\dfrac{\partial \Phi}{\partial \sigma_{eq}}} \tag{8.33}$$

将式（8.32）变形，在 $t + \Delta t$ 时刻可表示为

$$\phi_1 = \Delta \varepsilon_{eq}^p \left(\frac{\partial \Phi}{\partial \sigma_m} \right)_{t+\Delta t} - \Delta \varepsilon_m^p \left(\frac{\partial \Phi}{\partial \bar{\sigma}} \right)_{t+\Delta t} = 0 \tag{8.34}$$

在每个时刻点，屈服面上的应力都满足屈服方程：

$$\phi_2 = \Phi(\sigma_m, \sigma_{eq}, \bar{\varepsilon}^p, f) = 0 \text{ 或者 } \phi_2 = \Phi\left[(\sigma_m)_{t+\Delta t}, (\sigma_{eq})_{t+\Delta t}, \bar{\varepsilon}_{t+\Delta t}^p, f_{t+\Delta t} \right] = 0 \tag{8.35}$$

结合上述各式（8.12~8.34），以 $\Delta \varepsilon_m^p$ 和 $\Delta \varepsilon_{eq}^p$ 为变量，可以得到二元非线性方程组：

$$\begin{cases} \phi_1 = \phi_1(\Delta \varepsilon_m^p, \Delta \varepsilon_{eq}^p) \\ \phi_2 = \phi_2(\Delta \varepsilon_m^p, \Delta \varepsilon_{eq}^p) \end{cases} \tag{8.36}$$

采用 Newton-Raphson 算法求解式（8.36），有

$$\begin{bmatrix} \delta \Delta \varepsilon_m^p \\ \delta \Delta \varepsilon_{eq}^p \end{bmatrix} = -\begin{bmatrix} \dfrac{\partial \phi_1}{\partial \Delta \varepsilon_m^p} & \dfrac{\partial \phi_1}{\partial \Delta \varepsilon_{eq}^p} \\ \dfrac{\partial \phi_2}{\partial \Delta \varepsilon_m^p} & \dfrac{\partial \phi_2}{\partial \Delta \varepsilon_{eq}^p} \end{bmatrix}^{-1} \begin{bmatrix} \phi_1 \\ \phi_2 \end{bmatrix} \tag{8.37}$$

式（8.37）中雅克比矩阵各元素为

$$\frac{\partial \phi_1}{\partial \Delta \varepsilon_m^p} = \frac{\partial \left[-\Delta \varepsilon_{eq}^p \left(\dfrac{\partial \Phi}{\partial \sigma_m} \right) + \Delta \varepsilon_m^p \left(\dfrac{\partial \Phi}{\partial \sigma_{eq}} \right) \right]}{\partial \Delta \varepsilon_m^p}$$

$$= -\Delta \varepsilon_{eq}^p \frac{\partial^2 \Phi}{\partial \sigma_m \partial \Delta \varepsilon_m^p} + \frac{\partial \Phi}{\partial \sigma_{eq}} + \Delta \varepsilon_m^p \frac{\partial^2 \Phi}{\partial \sigma_{eq} \partial \Delta \varepsilon_m^p}$$

$$= \frac{\partial \Phi}{\partial \sigma_{eq}} \tag{8.38}$$

$$- \Delta \varepsilon_{eq}^p \left(\frac{\partial^2 \Phi}{\partial \sigma_m \partial \sigma_m} \cdot \frac{\partial \sigma_m}{\partial \Delta \varepsilon_m^p} + \frac{\partial^2 \Phi}{\partial \sigma_m \partial \overline{\varepsilon}^p} \cdot \frac{\partial \overline{\varepsilon}^p}{\partial \Delta \varepsilon_m^p} + \frac{\partial^2 \Phi}{\partial \sigma_m \partial f} \cdot \frac{\partial f}{\partial \Delta \varepsilon_m^p} \right)$$

$$+ \Delta \varepsilon_m^p \left(\frac{\partial^2 \Phi}{\partial \sigma_{eq} \partial \sigma_m} \cdot \frac{\partial \sigma_m}{\partial \Delta \varepsilon_m^p} + \frac{\partial^2 \Phi}{\partial \sigma_{eq} \partial \overline{\varepsilon}^p} \cdot \frac{\partial \overline{\varepsilon}^p}{\partial \Delta \varepsilon_m^p} + \frac{\partial^2 \Phi}{\partial \sigma_{eq} \partial f} \cdot \frac{\partial f}{\partial \Delta \varepsilon_m^p} \right)$$

$$\frac{\partial \phi_1}{\partial \Delta \varepsilon_{eq}^p} = \frac{\partial \left[-\Delta \varepsilon_{eq}^p \left(\dfrac{\partial \Phi}{\partial \sigma_m} \right) + \Delta \varepsilon_m^p \left(\dfrac{\partial \Phi}{\partial \sigma_{eq}} \right) \right]}{\partial \Delta \varepsilon_{eq}^p}$$

$$= -\frac{\partial \Phi}{\partial \sigma_m} - \Delta \varepsilon_{eq}^p \frac{\partial^2 \Phi}{\partial \sigma_m \partial \Delta \varepsilon_{eq}^p} + \Delta \varepsilon_m^p \frac{\partial^2 \Phi}{\partial \sigma_{eq} \partial \Delta \varepsilon_{eq}^p}$$

$$= -\frac{\partial \Phi}{\partial \sigma_m} \tag{8.39}$$

$$- \Delta \varepsilon_{eq}^p \left(\frac{\partial^2 \Phi}{\partial \sigma_m \partial \sigma_{eq}} \cdot \frac{\partial \sigma_{eq}}{\partial \Delta \varepsilon_{eq}^p} + \frac{\partial^2 \Phi}{\partial \sigma_m \partial \overline{\varepsilon}^p} \cdot \frac{\partial \overline{\varepsilon}^p}{\partial \Delta \varepsilon_{eq}^p} + \frac{\partial^2 \Phi}{\partial \sigma_m \partial f} \cdot \frac{\partial f}{\partial \Delta \varepsilon_{eq}^p} \right)$$

$$+ \Delta \varepsilon_m^p \left(\frac{\partial^2 \Phi}{\partial \sigma_{eq}^2} \cdot \frac{\partial \sigma_{eq}}{\partial \Delta \varepsilon_{eq}^p} + \frac{\partial^2 \Phi}{\partial \sigma_{eq} \partial \overline{\varepsilon}^p} \cdot \frac{\partial \overline{\varepsilon}^p}{\partial \Delta \varepsilon_{eq}^p} + \frac{\partial^2 \Phi}{\partial \sigma_{eq} \partial f} \cdot \frac{\partial f}{\partial \Delta \varepsilon_{eq}^p} \right)$$

$$\frac{\partial \phi_2}{\partial \Delta \varepsilon_m^p} = \frac{\partial \Phi}{\partial \sigma_m} \cdot \frac{\partial \sigma_m}{\partial \Delta \varepsilon_m^p} + \frac{\partial \Phi}{\partial \overline{\varepsilon}^p} \cdot \frac{\partial \overline{\varepsilon}^p}{\partial \Delta \varepsilon_m^p} + \frac{\partial \Phi}{\partial f} \cdot \frac{\partial f}{\partial \Delta \varepsilon_m^p} \tag{8.40}$$

$$\frac{\partial \phi_2}{\partial \Delta \varepsilon_{eq}^p} = \frac{\partial \Phi}{\partial \sigma_{eq}} \cdot \frac{\partial \sigma_{eq}}{\partial \Delta \varepsilon_{eq}^p} + \frac{\partial \Phi}{\partial \overline{\varepsilon}^p} \cdot \frac{\partial \overline{\varepsilon}^p}{\partial \Delta \varepsilon_{eq}^p} + \frac{\partial \Phi}{\partial f} \cdot \frac{\partial f}{\partial \Delta \varepsilon_{eq}^p} \tag{8.41}$$

式（8.38）~式（8.41）中含有塑性势对各变量的一阶和二阶偏导，其中，塑性势的一阶偏导为

$$\frac{\partial \Phi}{\partial \sigma_m} = 3 q_1 q_2 f^* \sinh \left(\frac{3 q_2 \sigma_m}{2 \sigma_y} \right) \frac{1}{\sigma_y} \tag{8.42}$$

$$\frac{\partial \Phi}{\partial \sigma_{eq}} = \frac{2 \sigma_{eq}}{\sigma_y^2} \tag{8.43}$$

$$\frac{\partial \Phi}{\partial \overline{\varepsilon}^p} = \frac{\partial \Phi}{\partial \sigma_y} \frac{\partial \sigma_y}{\partial \overline{\varepsilon}^p} = -\frac{\partial \sigma_y}{\partial \overline{\varepsilon}^p} \left[\frac{2 \sigma_{eq}^2}{\sigma_y} + 3 q_1 q_2 f^* \sigma_m \sinh \left(\frac{3 q_2 \sigma_m}{2 \sigma_y} \right) \right] \frac{1}{\sigma_y} \tag{8.44}$$

$$\frac{\partial \Phi}{\partial f} = \frac{\partial \Phi}{\partial f^*} \cdot \frac{\partial f^*}{\partial f} = 2 \frac{\partial f^*}{\partial f} \left[q_1 \cosh \left(\frac{3q_2 \sigma_m}{2\sigma_y} \right) - q_3 f^* \right] \tag{8.45}$$

塑性势对各变量的二阶偏导为

$$\frac{\partial^2 \Phi}{\partial \sigma_m^2} = \frac{9 q_1 q_2^2 f^*}{2 \sigma_y^2} \frac{\sigma_m}{} \cosh \left(\frac{3 q_2 \sigma_m}{2 \sigma_y} \right) \tag{8.46}$$

$$\frac{\partial^2 \Phi}{\partial \sigma_{eq}^2} = \frac{2}{\sigma_y^2} \tag{8.47}$$

$$\frac{\partial^2 \Phi}{\partial \sigma_m \partial \sigma_{eq}} = 0 \tag{8.48}$$

$$\frac{\partial^2 \Phi}{\partial \sigma_m \partial \overline{\varepsilon}^p} = \frac{\partial^2 \Phi}{\partial \sigma_m \partial \sigma_y} \cdot \frac{\partial \sigma_y}{\partial \overline{\varepsilon}^p} = -\frac{3 q_1 q_2 f^*}{\sigma_Y^2} \cdot \frac{\partial \sigma_y}{\partial \overline{\varepsilon}^p} \left[\sinh \left(\frac{3 q_2 \sigma_m}{2 \sigma_y} \right) + \frac{3 q_2 \sigma_m}{2 \sigma_y} \cosh \left(\frac{3 q_2 \sigma_m}{2 \sigma_y} \right) \right] \tag{8.49}$$

$$\frac{\partial^2 \Phi}{\partial \sigma_m \partial f} = \frac{\partial^2 \Phi}{\partial \sigma_m \partial f^*} \cdot \frac{\partial f^*}{\partial f} = \frac{3 q_1 q_2}{\sigma_y} \sinh \left(\frac{3 q_2 \sigma_m}{2 \sigma_y} \right) \frac{\partial f^*}{\partial f} \tag{8.50}$$

$$\frac{\partial^2 \Phi}{\partial \sigma_{eq} \partial \overline{\varepsilon}^p} = \frac{\partial^2 \Phi}{\partial \sigma_{eq} \partial \sigma_y} \cdot \frac{\partial \sigma_y}{\partial \overline{\varepsilon}^p} = -\frac{4 \sigma_{eq}}{\sigma_y^3} \cdot \frac{\partial \sigma_y}{\partial \overline{\varepsilon}^p} \tag{8.51}$$

$$\frac{\partial^2 \Phi}{\partial \sigma_{eq} \partial f} = 0 \tag{8.52}$$

上面各式中涉及 $\Delta \overline{\varepsilon}^p$，$\Delta f$ 等状态变量，这些状态变量为

$$\Delta \overline{\varepsilon}^p = \frac{\sigma_m \Delta \varepsilon_m^p + \sigma_{eq} \Delta \varepsilon_{eq}^p}{(1 - f) \sigma_y} \tag{8.53}$$

$$\Delta f = (1 - f) \Delta \varepsilon_m^p + B \Delta \overline{\varepsilon}^p \tag{8.54}$$

状态变量与各变量的偏导为

$$\frac{\partial \Delta \overline{\varepsilon}^p}{\partial \overline{\varepsilon}^p} = \frac{\partial \Delta \overline{\varepsilon}^p}{\partial \sigma_y} \cdot \frac{\partial \sigma_y}{\partial \overline{\varepsilon}^p} = -\frac{\Delta \overline{\varepsilon}^p}{\sigma_y} \cdot \frac{\partial \sigma_y}{\partial \overline{\varepsilon}^p} \tag{8.55}$$

$$\frac{\partial \Delta \overline{\varepsilon}^p}{\partial f} = \frac{\Delta \overline{\varepsilon}^p}{1 - f} \tag{8.56}$$

$$\frac{\partial \Delta f}{\partial \overline{\varepsilon}^p} = B \left[\frac{\partial \Delta \overline{\varepsilon}^p}{\partial \overline{\varepsilon}^p} - \left(\frac{\overline{\varepsilon}^p - \varepsilon_n}{s_n^2} \right) \Delta \overline{\varepsilon}^p \right] \tag{8.57}$$

$$\frac{\partial \Delta f}{\partial f} = -\Delta \varepsilon_m^p + B \frac{\partial \Delta \overline{\varepsilon}^p}{\partial f} \tag{8.58}$$

$$\frac{\partial \Delta \overline{\varepsilon}^p}{\partial \Delta \varepsilon_m^p} = \frac{\sigma_m}{(1 - f) \sigma_Y} \tag{8.59}$$

$$\frac{\partial \Delta f}{\partial \Delta \varepsilon_m^p} = 1 - f + B \frac{\partial \Delta \overline{\varepsilon}^p}{\partial \Delta \varepsilon_m^p} \tag{8.60}$$

$$\frac{\partial \Delta \bar{\varepsilon}^p}{\partial \Delta \varepsilon_{eq}^p} = \frac{\sigma_{eq}}{(1-f)\sigma_Y} \tag{8.61}$$

$$\frac{\partial \Delta f}{\partial \Delta \varepsilon_{eq}^p} = \frac{\partial \Delta f}{\partial \Delta \bar{\varepsilon}^p} \cdot \frac{\partial \Delta \bar{\varepsilon}^p}{\partial \Delta \varepsilon_{eq}^p} = B \frac{\partial \Delta \bar{\varepsilon}^p}{\partial \Delta \varepsilon_{eq}^p} \tag{8.62}$$

$$\frac{\partial \Delta \bar{\varepsilon}^p}{\partial \sigma_m} = \frac{\Delta \varepsilon_m^p}{(1-f)\sigma_y} \tag{8.63}$$

$$\frac{\partial \Delta f}{\partial \sigma_m} = B \frac{\partial \Delta \bar{\varepsilon}^p}{\partial \sigma_m} \tag{8.64}$$

$$\frac{\partial \Delta \bar{\varepsilon}^p}{\partial \sigma_{eq}} = \frac{\Delta \varepsilon_{eq}^p}{(1-f)\sigma_y} \tag{8.65}$$

$$\frac{\partial \Delta f}{\partial \sigma_{eq}} = B \frac{\partial \Delta \bar{\varepsilon}^p}{\partial \sigma_{eq}} \tag{8.66}$$

$$\frac{\partial \sigma_m}{\partial \Delta \varepsilon_m^p} = -K, \quad \frac{\partial \sigma_{eq}}{\partial \Delta \varepsilon_{eq}^p} = -3G \tag{8.67}$$

而状态变量 $\Delta \bar{\varepsilon}^p$，$\Delta f$ 又是变量 $\Delta \varepsilon_m^p$，$\Delta \varepsilon_{eq}^p$，$\sigma_m$，$\sigma_{eq}$，$\bar{\varepsilon}^p$，$f$ 的函数，即

$$\Delta \bar{\varepsilon}^p = \Delta \bar{\varepsilon}^p(\Delta \varepsilon_m^p, \ \Delta \varepsilon_{eq}^p, \ \sigma_m, \ \sigma_{eq}, \ \bar{\varepsilon}^p, \ f) \tag{8.68}$$

$$\Delta f = \Delta f(\Delta \varepsilon_m^p, \ \Delta \varepsilon_{eq}^p, \ \sigma_m, \ \sigma_{eq}, \ \bar{\varepsilon}^p, \ f) \tag{8.69}$$

所以 $\dfrac{\partial \bar{\varepsilon}^p}{\partial \Delta \varepsilon_m^p}$ 和 $\dfrac{\partial f}{\partial \Delta \varepsilon_m^p}$ 可以通过下面各式得到

$$\frac{\partial \bar{\varepsilon}^p}{\partial \Delta \varepsilon_m^p} = \frac{\partial \bar{\varepsilon}^p}{\partial \Delta \bar{\varepsilon}^p} \cdot \frac{\partial \Delta \bar{\varepsilon}^p}{\partial \Delta \varepsilon_m^p} = \frac{\partial \bar{\varepsilon}^p}{\partial \Delta \bar{\varepsilon}^p}\left(\frac{\partial \Delta \bar{\varepsilon}^p}{\partial \Delta \varepsilon_m^p} + \frac{\partial \Delta \bar{\varepsilon}^p}{\partial \sigma_m} \cdot \frac{\partial \sigma_m}{\partial \Delta \varepsilon_m^p} + \frac{\partial \Delta \bar{\varepsilon}^p}{\partial \bar{\varepsilon}^p} \cdot \frac{\partial \bar{\varepsilon}^p}{\partial \Delta \varepsilon_m^p} + \frac{\partial \Delta \bar{\varepsilon}^p}{\partial f} \cdot \frac{\partial f}{\partial \Delta \varepsilon_m^p} \right) \tag{8.70}$$

$$\frac{\partial f}{\partial \Delta \varepsilon_m^p} = \frac{\partial f}{\partial \Delta f} \cdot \frac{\partial \Delta f}{\partial \Delta \varepsilon_m^p} = \frac{\partial f}{\partial \Delta f}\left(\frac{\partial \Delta f}{\partial \Delta \varepsilon_m^p} + \frac{\partial \Delta f}{\partial \sigma_m} \cdot \frac{\partial \sigma_m}{\partial \Delta \varepsilon_m^p} + \frac{\partial \Delta f}{\partial \bar{\varepsilon}^p} \cdot \frac{\partial \bar{\varepsilon}^p}{\partial \Delta \varepsilon_m^p} + \frac{\partial \Delta f}{\partial f} \cdot \frac{\partial f}{\partial \Delta \varepsilon_m^p} \right) \tag{8.71}$$

联立式（8.70）和式（8.71）可得

$$\left(1 - \frac{\partial \Delta \bar{\varepsilon}^p}{\partial \bar{\varepsilon}^p} \right) \frac{\partial \bar{\varepsilon}^p}{\partial \Delta \varepsilon_m^p} - \frac{\partial \Delta \bar{\varepsilon}^p}{\partial f} \cdot \frac{\partial f}{\partial \Delta \varepsilon_m^p} = \frac{\partial \Delta \bar{\varepsilon}^p}{\partial \Delta \varepsilon_m^p} + \frac{\partial \Delta \bar{\varepsilon}^p}{\partial \sigma_m} \cdot \frac{\partial \sigma_m}{\partial \Delta \varepsilon_m^p} \tag{8.72}$$

$$- \frac{\partial \Delta f}{\partial \bar{\varepsilon}^p} \cdot \frac{\partial \bar{\varepsilon}^p}{\partial \Delta \varepsilon_m^p} + \left(1 - \frac{\partial \Delta f}{\partial f} \right) \frac{\partial f}{\partial \Delta \varepsilon_m^p} = \frac{\partial \Delta f}{\partial \Delta \varepsilon_m^p} + \frac{\partial \Delta f}{\partial \sigma_m} \cdot \frac{\partial \sigma_m}{\partial \Delta \varepsilon_m^p} \tag{8.73}$$

联立式（8.72）和式（8.73），写成矩阵形式：

$$\left\{ \begin{array}{c} \dfrac{\partial \bar{\varepsilon}^p}{\partial \Delta \varepsilon_m^p} \\[2mm] \dfrac{\partial f}{\partial \Delta \varepsilon_m^p} \end{array} \right\} = \left[\begin{array}{cc} 1 - \dfrac{\partial \Delta \bar{\varepsilon}^p}{\partial \bar{\varepsilon}^p} & - \dfrac{\partial \Delta \bar{\varepsilon}^p}{\partial f} \\[3mm] - \dfrac{\partial \Delta f}{\partial \bar{\varepsilon}^p} & 1 - \dfrac{\partial \Delta f}{\partial f} \end{array} \right]^{-1} \left\{ \begin{array}{c} \dfrac{\partial \Delta \bar{\varepsilon}^p}{\partial \Delta \varepsilon_m^p} + \dfrac{\partial \Delta \bar{\varepsilon}^p}{\partial \sigma_m} \cdot \dfrac{\partial \sigma_m}{\partial \Delta \varepsilon_m^p} \\[3mm] \dfrac{\partial \Delta f}{\partial \Delta \varepsilon_m^p} + \dfrac{\partial \Delta f}{\partial \sigma_m} \cdot \dfrac{\partial \sigma_m}{\partial \Delta \varepsilon_m^p} \end{array} \right\} \tag{8.74}$$

同理，$\dfrac{\partial \overline{\varepsilon}^{\,p}}{\partial \Delta \varepsilon_{eq}^{p}}$ 和 $\dfrac{\partial f}{\partial \Delta \varepsilon_{eq}^{p}}$ 可以通过以下方程得到

$$
\begin{pmatrix} \dfrac{\partial \overline{\varepsilon}^{\,p}}{\partial \Delta \varepsilon_{eq}^{p}} \\[3mm] \dfrac{\partial f}{\partial \Delta \varepsilon_{eq}^{p}} \end{pmatrix} = \begin{bmatrix} 1 - \dfrac{\partial \Delta \overline{\varepsilon}^{\,p}}{\partial \overline{\varepsilon}^{\,p}} & - \dfrac{\partial \Delta \overline{\varepsilon}^{\,p}}{\partial f} \\[3mm] - \dfrac{\partial \Delta f}{\partial \overline{\varepsilon}^{\,p}} & 1 - \dfrac{\partial \Delta f}{\partial f} \end{bmatrix}^{-1} \begin{pmatrix} \dfrac{\partial \Delta \overline{\varepsilon}^{\,p}}{\partial \Delta \varepsilon_{eq}^{p}} + \dfrac{\partial \Delta \overline{\varepsilon}^{\,p}}{\partial \sigma_{eq}} \cdot \dfrac{\partial \sigma_{eq}}{\partial \Delta \varepsilon_{eq}^{p}} \\[3mm] \dfrac{\partial \Delta f}{\partial \Delta \varepsilon_{eq}^{p}} + \dfrac{\partial \Delta f}{\partial \sigma_{eq}} \cdot \dfrac{\partial \sigma_{eq}}{\partial \Delta \varepsilon_{eq}^{p}} \end{pmatrix} \tag{8.75}
$$

　　前面详细推导了 GTN 本构的数值计算流程，通过应力应变分解，得到关于以塑性应变增量 $\Delta \varepsilon_{m}^{p}$ 和 $\Delta \varepsilon_{eq}^{p}$ 为变量的非线性方程组，再利用 Newton–Raphson 算法对其进行数值求解，具体计算流程如图 8.2 所示。

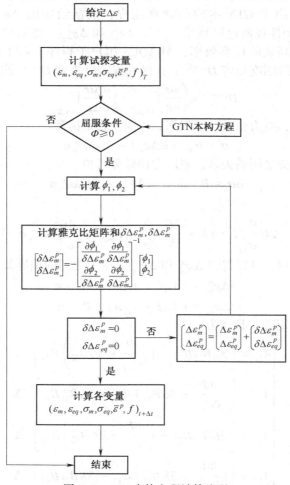

图 8.2　GTN 本构方程计算流程

8.2.3 ABAQUS 用户子程序 UMAT

Gurson 损伤本构方程应用广泛，目前大多数有限元分析软件中有集成，但都只能针对显示计算。有限元分析中，由于显示计算时是针对每个单元矩阵来运算的，所以可以进行单元网格删除，模拟断裂过程，但也因此计算耗时长，尤其是需要模拟整个预拉伸过程，且需要分析不同工况，如果都采用显示算法计算显然是不可取的。隐式算法能够快速地完成求解过程，结果也更加稳定，能够节省大量的计算时间。虽然 ABAQUS 中自带的有 GTN 本构的程序，但 ABAQUS/Explicit 求解器中使用，对于模拟断裂过程中应力应变损伤变量等变化规律，不需要进行网格单元删除技术，所以编写 ABAQUS 用户子程序 UMAT，用于隐式显得十分必要。

前面已经介绍了 GTN 本构的计算流程，根据给定的 $\Delta\varepsilon$，利用 Newton-Raphson 算法和塑性径向返回算法，计算 $\Delta\varepsilon_m^p$ 和 $\Delta\varepsilon_{eq}^p$，然后更新应力应变等过程变量。为获得高效的计算效率，ABAQUS 用户子程序 UMAT 的编写还需要计算单元的连续切线刚度矩阵 $\boldsymbol{D}^{\text{cons.}}$，连续切线刚度矩阵 $\boldsymbol{D}^{\text{cons.}}$ 的定义如下：

$$\boldsymbol{D}^{\text{cons.}} = \left(\frac{\partial\boldsymbol{\sigma}}{\partial\boldsymbol{\varepsilon}}\right)_{t+\Delta t} = \left(\frac{\partial\Delta\boldsymbol{\sigma}}{\partial\Delta\boldsymbol{\varepsilon}}\right)_{t+\Delta t} \tag{8.76}$$

由于计算过程中，应力张量可以根据试探应力张量得到

$$\boldsymbol{\sigma} = \boldsymbol{\sigma}_T - K\Delta\varepsilon_m^p\boldsymbol{i} - 2G\Delta\varepsilon_{eq}^p\boldsymbol{n} \tag{8.77}$$

根据试探应力应变之间的关系，对应力偏微分可得

$$\partial\boldsymbol{\sigma} = \boldsymbol{P} : \partial\boldsymbol{\varepsilon} - K\Delta\varepsilon_m^p\boldsymbol{i} - 2G\Delta\varepsilon_{eq}^p\boldsymbol{n} \tag{8.78}$$

式中，$\boldsymbol{P}$ 定义为

$$\boldsymbol{P} = 2G\frac{\sigma_{eq}}{\sigma_{eq}^T}\boldsymbol{I} + \left(K - \frac{2G}{3}\cdot\frac{\sigma_{eq}}{\sigma_{eq}^T}\right)\boldsymbol{i}\otimes\boldsymbol{i} + \frac{4G^2}{\sigma_{eq}^T}\Delta\varepsilon_{eq}^p\boldsymbol{n}\otimes\boldsymbol{n} \tag{8.79}$$

结合前面计算过程，可以得到 $\Delta\varepsilon_m^p$ 和 $\Delta\varepsilon_{eq}^p$ 与应变之间的偏导关系式：

$$\partial\Delta\varepsilon_m^p = (A_{11}\boldsymbol{i} + A_{12}\boldsymbol{n}) : \boldsymbol{P} : \partial\boldsymbol{\varepsilon} \tag{8.80}$$

$$\partial\Delta\varepsilon_{eq}^p = (A_{21}\boldsymbol{i} + A_{22}\boldsymbol{n}) : \boldsymbol{P} : \partial\boldsymbol{\varepsilon} \tag{8.81}$$

式中，A_{ij} 为系数矩阵，具体为

$$\begin{cases} A_{11} = \left[3GB_{22}B_{11} - \left(\dfrac{\partial\Phi}{\partial\sigma_{eq}} + 3GB_{22}\right)B_{21}\right]/\Delta \\[3mm] A_{12} = \left[\left(\dfrac{\partial\Phi}{\partial\sigma_{eq}} + 3GB_{11}\right)B_{21} - 3KB_{21}B_{11}\right]/\Delta \\[3mm] A_{21} = \left[3GB_{22}B_{12} + \left(\dfrac{\partial\Phi}{\partial\sigma_m} - 3GB_{12}\right)B_{22}\right]/\Delta \\[3mm] A_{12} = \left[\left(\dfrac{\partial\Phi}{\partial\sigma_{eq}} + 3KB_{11}\right)B_{22} - 3KB_{21}B_{12}\right]/\Delta \end{cases} \tag{8.82}$$

式中，$\Delta = 3GB_{22}\left(\dfrac{\partial \Phi}{\partial \sigma_{eq}} + 3KB_{11}\right) + 3K\left(\dfrac{\partial \Phi}{\partial \sigma_m} - 3GB_{11}\right)$，系数矩阵 $\boldsymbol{B}_{ij}$ 为

$$\begin{cases} B_{11} = \dfrac{\Delta \varepsilon_{eq}^{p}}{3} \cdot \dfrac{\partial^2 \Phi}{\partial \sigma_m^2} \\[3mm] B_{12} = -\dfrac{\Delta \varepsilon_m^{p}}{3} \cdot \dfrac{\partial^2 \Phi}{\partial \sigma_{eq}^2} \\[3mm] B_{21} = \dfrac{\partial \Phi}{\partial \sigma_m} \\[3mm] B_{22} = -\dfrac{\partial \Phi}{\partial \sigma_{eq}} \end{cases} \tag{8.83}$$

将式（8.83）代入式（8.80）中，可得应力应变的偏微分方程

$$\partial \boldsymbol{\sigma} = \boldsymbol{Q} : \boldsymbol{P} : \partial \boldsymbol{\varepsilon} \tag{8.84}$$

式中，$\boldsymbol{Q}$ 定义为

$$\boldsymbol{Q} = \boldsymbol{I} - K(A_{11}\boldsymbol{i} \otimes \boldsymbol{i} + A_{12}\boldsymbol{i} \otimes \boldsymbol{n}) - 2G(A_{21}\boldsymbol{n} \otimes \boldsymbol{i} + A_{22}\boldsymbol{n} \otimes \boldsymbol{n}) \tag{8.85}$$

将 $\boldsymbol{P}$ 和 $\boldsymbol{Q}$ 代入式（8.83）中，可以得到关于 $\boldsymbol{i}$ 和 $\boldsymbol{n}$ 的连续切线刚度矩阵

$$\boldsymbol{D}^{\text{cons.}} = C_0\boldsymbol{I} + C_1\boldsymbol{i} \otimes \boldsymbol{i} + C_2\boldsymbol{n} \otimes \boldsymbol{n} + C_3\boldsymbol{i} \otimes \boldsymbol{n} + C_4\boldsymbol{n} \otimes \boldsymbol{i} \tag{8.86}$$

式中的系数 C_i 具体为

$$\begin{cases} C_0 = 2G \dfrac{\sigma_{eq}}{\sigma_{eq}^{T}} \\[3mm] C_1 = K - \dfrac{2G}{3} \cdot \dfrac{\sigma_{eq}}{\sigma_{eq}^{T}} - 3K^2 A_{11} \\[3mm] C_2 = \dfrac{4G^2}{\sigma_{eq}^{T}}\Delta \varepsilon_{eq}^{p} - 4G^2 A_{22} \\[3mm] C_3 = -2GKA_{12} \\[3mm] C_4 = -6GKA_{21} \end{cases} \tag{8.87}$$

　　根据上述分析，可以编写 ABAQUS 用户子程序 UMAT，与 ABAQUS 内置程序进行对比，结果如图 8.3 所示。可以看出，在拉伸-卸载-反向压缩的过程中，用户子程序 UMAT 与 ABAQUS 显示计算结果完全一致，但用时更少，在模拟铝合金板材预拉伸断裂时将会节省大量时间。

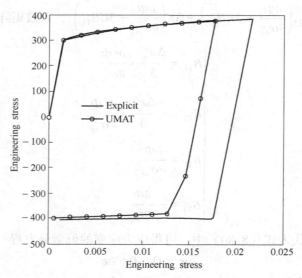

图 8.3　UMAT 与 ABAQUS/Explicit 计算结果对比

8.3　万吨拉伸机拉伸断带分析模型

▍8.3.1　冲击接触的定义

对于冲击–接触问题，同一般的动力学问题相比，除了受运动平衡方程、应力位移关系、应力应变关系及相应的初始条件和边界条件的控制外，还要满足接触约束条件[96-99]。将连续的区域离散为一组有限个且按一定方式相互联结在一起的单元组合体。根据虚位移原理，t 时刻的平衡条件可表达为[100-102]

$$\int_V [\delta e]^{\mathrm{T}} \tau \mathrm{d}V = \int_V [\delta u]^{\mathrm{T}} b \mathrm{d}V + \int_S [\delta u]^{\mathrm{T}} \sigma \mathrm{d}S - \int_V [\delta u]^{\mathrm{T}} \rho \ddot{u} \mathrm{d}V + \int_{S_c} \delta([u_c]^{\mathrm{T}} F_c) \mathrm{d}S$$

(8.88)

式中，δu —— 现时位移分量 u 的变分，即虚位移；

　　δe —— 无穷小应变的变分；

　　σ —— Cauchy 应力；

　　b —— 体力；

　　τ —— 物体表面作用的面力；

　　ρ —— 材料密度；

$\ddot{u}$——惯性力；

F_c——接触面上的接触力；

u_c——接触面上两个物体间的贯入量，上标 T 表示向量的转置；

V 和 S——结构的体积与表面积；

S_c——接触面的面积。

在式（8.88）的右端，第四项代表与接触条件有关的泛函。如果接触力 $\boldsymbol{F}_c$ 和贯入量 $\boldsymbol{u}_c$ 被认为是相互独立的变量，则该泛函可分解为两项：

$$\int_{S_c} \delta([\boldsymbol{u}_c]^{\mathrm{T}} \boldsymbol{F}_c) \, \mathrm{d}S = \int_{S_c} (\delta[\boldsymbol{u}_c]^{\mathrm{T}}) \, \boldsymbol{F}_c \mathrm{d}S + \int_{S_c} [\boldsymbol{u}_c]^{\mathrm{T}} \delta \boldsymbol{F}_c \mathrm{d}S \qquad (8.89)$$

物体在碰撞时将会伴随局部大变形，尤其是橡胶类构件。变形后结构的应力应变情况可以采用全 Lagrange（TL）法模拟大变形带来的刚度硬化等非线性问题。以未变形时结构构形为参照构形，在 $t + \Delta t$ 时刻的虚功方程为[103,104]

$$\int_V S_{ij} \delta E_{ij} \mathrm{d}V = \delta W \qquad (8.90)$$

根据 t 时刻与 $t + \Delta t$ 时刻的 Green 应变和 Kirchhoff 应力的表达式，式（8.90）可以表达为

$$\int_V (S_{ij} + \Delta S_{ij}) \delta(E_{ij} + \Delta E_{ij}) \mathrm{d}V = \delta W \qquad (8.91)$$

将式（8.91）进行有限元离散后，最终矩阵可以表示为[104-106]

$$([\boldsymbol{K}]_0 + [\boldsymbol{K}]_\sigma + [\boldsymbol{K}]_L) \delta \boldsymbol{Q} = \boldsymbol{F}_B + \boldsymbol{F}_S + \boldsymbol{F}_E \qquad (8.92)$$

式中，$[\boldsymbol{K}]_0$——切线刚度矩阵，表示载荷增量与位移的关系；

$[\boldsymbol{K}]_\sigma$——几何刚度矩阵，表示大变形时初应力对结构的影响；

$[\boldsymbol{K}]_L$——大位移刚度矩阵，表示大位移引起的结构刚度变化；

$\delta \boldsymbol{Q}$——节点坐标增量向量；

$\boldsymbol{F}_B$——体力向量；

$\boldsymbol{F}_S$——面力向量；

$\boldsymbol{F}_E$——单元节点上的等效合力向量。

式（8.92）为接触体几何非线性 TL 法的有限元方程。

■8.3.2　万吨张力拉伸机拉伸断带分析模型

对于铝合金预拉伸板的断裂模拟，其内部的淬火残余应力的影响不可忽略[38,107]。铝合金厚板在淬火过程中，初始时板材表面冷却速率快，导致表面收缩比芯部快，最终形成"外压内拉"的残余应力[9]。研究结果表明，淬火残余应力主要由长度和宽度方向的正应力组成，厚度方向的正应力以及剪应力很小，

可以忽略不计[32,108]。而且淬火残余应力在长度宽度平面内保持不变，仅沿厚度方向变化。板材越厚，淬火后的残余应力的幅值越大，不同厚度板材的淬火残余应力分布规律相似[109]。80 mm 厚的铝合金板内淬火残余应力分布如图 8.4 所示。

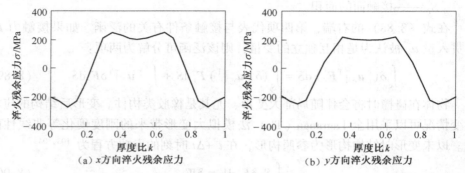

（a）x方向淬火残余应力　　　　　　（b）y方向淬火残余应力

图 8.4　淬火残余应力分布图

将淬火残余应力作为初始条件导入有限元模型中，模拟考虑淬火残余应力影响的断带过程。另外，铝合金板材的厚度对断带时的冲击力有较大影响，其几何尺寸也作为初始条件输入有限元模型中。拉伸机机头结构对称，且活动机头与固定机头区别不大，但活动机头有大液压缸进行缓冲，固定机头在断带时受到的冲击力会更大，所以取拉伸机固定机头的 1/4 进行分析。建立的有限元模型如图 8.5 所示。

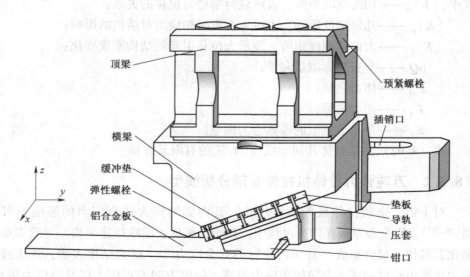

图 8.5　万吨拉伸机拉伸断带的有限元模型

模型中拉伸机的预紧螺栓按表 2.1 施加预紧力，铝合金板材与钳口直接使用摩擦接触，摩擦系数为 0.98，其他接触面假设为光滑接触。模型关于 y-z 面和 x-y 面对称，故约束 x 方向位移和铝合金板的 z 向位移，垫板顶端固定在拉伸机机头上，约束全部自由度。在铝合金板的 y 方向上施加位移，模拟拉伸过程，整个拉伸过程持续 40 s 时间，拉伸速度为 4 mm/s。

铝合金板采用 GTN 损伤本构，模拟铝合金板断裂过程，本书以 7075 铝合金板为研究对象，利用小试件实验确定其材料参数如表 8.1 所示。实际生产过程中，铝合金板的拉伸率一般为 1%~3%，因为铝合金板中存在较大缺陷，所以导致断带发生，其初始孔洞体积分数较大，设置为 0.05。

表 8.1　Gurson 本构材料参数

E/GPa	μ	$\rho/(\text{kg} \cdot \text{m}^{-3})$	f_0	f_n	s_n	ε_n	f_c	f_f
71.7	0.33	2 810	0.05	0.01	0.1	0.3	0.15	0.25

铝合金板拉伸断带时会带动钳口一起运动，使钳口具有一个 y 方向的初始速度。导轨与钳口运动方向有一个夹角，钳口沿 y 方向运动，会和导轨发生碰撞。为模拟钳口的缓冲效果，缓冲橡胶的本构采用 Yeoh 超弹性本构关系，具体参数如表 8.2 所示。

表 8.2　Yeoh 本构材料参数

C_{01}	C_{20}	C_{30}	d_1	d_2	d_3
0.379 4	0.023 2	−0.000 3	0.01	0.01	0.01

8.4　本　章　小　结

目前材料断裂的实验测试分析成本高，且不能全面反映材料断裂时的应力应变变化情况。有限元分析是一门有效的数值模拟技术，可以全面反映材料断裂的各相关参数的变化规律，在研究断裂领域有着明显的优势。本章根据万吨拉伸机的结构形式和工作原理，建立了考虑铝合金板材厚度、淬火残余应力和材料缺陷影响的拉伸断带有限元模型。

（1）铝合金板材厚度对拉伸机拉伸断带的冲击力有直接关系，板材越厚，所产生的冲击力越大，在万吨拉伸机拉伸断带有限元模型中将铝合金板材厚度作为几何尺寸输入；淬火残余应力将影响铝合金板拉伸断带过程，进而影响断带冲击力，将淬火残余应力作为初始应力状态，导入有限元模型中；材料的缺陷直接导致铝合金板材在拉伸过程中断带，利用 GTN 本构方程，引入损伤变量 f，来描述材料缺陷在拉伸过程中的变化规律。

（2）万吨铝合金厚板张力拉伸机结构复杂，零部件众多，拉伸断带有限元模型中考虑这些不同的接触关系。铝合金板与钳口之间为摩擦接触关系，其摩擦力将在断带时带动钳口运动；钳口与导轨发生碰撞时，弹性螺栓与橡胶套接触对之间会发生大变形，用以减小钳口的碰撞冲击力；钳口与拉伸机机架的连接关系；等等。考虑这些接触因素，使万吨铝合金厚板张力拉伸机拉伸断带模型能够准确模拟其断带过程，为分析万吨铝合金板张力拉伸机的断带缓冲奠定了理论基础。

■ 第 *9* 章 ■

铝合金厚板预拉伸断带预测及预防研究

9.1 引　言

预拉伸工艺是生产高品质航空铝合金板必不可少的工艺，其原理是通过拉伸机施加给铝合金板一定的塑性变形（通常为 1%~3%），来达到消除铝合金板内的淬火残余应力的目的[37,110-112]。实际生产过程中，铝合金板预拉伸断带不可避免却又危害极大，需要对其断裂机理进行研究，预测预拉伸板材的起裂，减少预防断带的工况发生。

铝合金的断裂机理已有大量的学者进行过研究，但铝合金板预拉伸断裂主要原因是由于在轧制、淬火等工艺中导致材料内部有微裂纹、孔洞等缺陷的存在[8,54,113]。在研究铝合金板预拉伸断裂机理时，必须考虑这些缺陷的影响，同时，预拉伸板中含有较大的淬火残余应力，也会对其断裂机理造成影响。

本章通过铝合金板预拉伸断裂模型，研究初始孔洞和淬火残余应力对铝合金板预拉伸断裂机理的影响。分析在最佳拉伸率的工况下，铝合金板预拉伸断带的孔洞临界尺寸；计算应力强度因子在淬火残余应力影响下的变化规律。

9.2　初始孔洞对铝合金板预拉伸断裂的影响

从前面的分析可知，正常情况下，铝合金板的断裂应变在 11% 左右，远大于设定的预拉伸率（通常为 1%~3%），这是因为铝合金板材在轧制、淬火等工艺过程中不可避免地会有孔洞、微裂纹等缺陷存在，这些缺陷导致材料的断裂应变大大降低，致使铝合金板在预拉伸工艺过程中发生断带工况。实际生产中，铝合金板进行预拉伸工艺前会进行无损检测，淘汰检测出含有大孔洞的铝合金板，避免在预拉伸时发生断带工况。

■9.2.1 不同尺寸的铝合金板材最佳拉伸率

预拉伸工艺是在铝合金板材两端施加一定的塑性变形来消除其内部的淬火残余应力的，不同尺寸的铝合金板材产生的淬火残余应力虽然分布规律几乎没有区别，但其幅值相差较大。消除这些淬火残余应力对应的塑性变形也会有所区别，施加的塑性变形不够，淬火残余应力无法彻底消除，而施加的塑性变形过大又会导致新的残余应力，即不同尺寸的铝合金板材对应于不同的最佳拉伸率[114,115]。

朱才朝等通过实验和数值模拟对不同尺寸的铝合金板进行了大量的研究，对铝合金板的拉伸率进行优化，研究结果表明，铝合金板的最佳拉伸率主要与板材内的最大淬火残余应力值有关，而最大淬火残余应力值与板材厚度有关[4,112]，所以铝合金板材的最佳拉伸率与厚度有关，具体如图9.1所示。

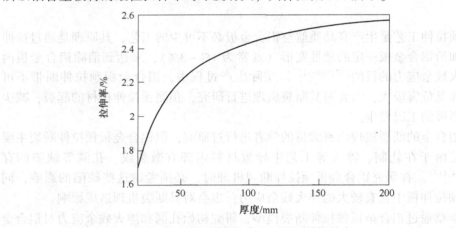

图 9.1 不同厚度铝合金板的最佳拉伸率

淬火残余应力随铝合金板厚度变化之间的曲线如图9.1所示：随着铝合金板材厚度的增加，其所需的延伸率也相应地增加，但随着厚度的进一步增加，延伸率增加的幅度趋于平缓。实际生产过程中采用的拉伸率也不能过大，因为过大的拉伸率导致应力反方向变大而且易发生断带工况，造成对拉伸设备的破坏。

■9.2.2 初始孔洞体积分数的影响

在 GTN 本构方程中，初始空洞体积分数对材料的屈服强度和断裂应变有极为明显的影响。利用建立的铝合金板断裂模型，模拟含大缺陷时铝合金板的预拉伸断裂过程。以 120 mm 厚的铝合金板为例，模拟其断裂应变随初始空洞体积分数的变化规律，如图9.2所示。

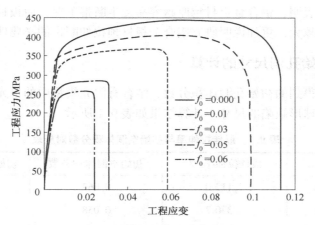

图 9.2　不同初始空洞体积分数应力应变图

从图 9.2 可以看出，随着空洞体积分数的增大，铝合金的断裂应变和屈服强度显著下降，当初始体积分数为 0.06 时，其断裂应变在 2.31%，低于其最佳拉伸率 2.47%。表明实际生产过程中，断带工况的发生是由于材料内部存在过大的缺陷。

假设铝合金板在预拉伸过程中能够达到其最佳拉伸率，此时的拉伸力达到最大值，若发生断带工况，产生的冲击力也最大。根据最佳拉伸率确定不同厚度铝合金板的初始孔洞体积分数的应力应变曲线，如图 9.3 所示。

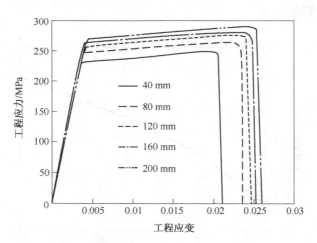

图 9.3　不同厚度铝合金板断裂应力应变图

从图 9.3 中可以看出，在铝合金板的最佳拉伸率情况下，板材厚度越大，其屈服强度越小，且随着板材厚度的增大，减小趋势剧增，其断裂应变也有同样的变化趋势。这表明，铝合金板材越厚越容易发生断带工况，而板材越厚，断带时产生的冲击力越大，更加说明研究铝合金板材预拉伸断带的必要性。

9.2.3 初始孔洞尺寸的计算

根据计算得到的初始孔洞体积分数，结合有限元模型中的单元尺寸，可以得到实际材料中球形缺陷的尺寸。计算结果如表 9.1 所示。

表 9.1 最佳拉伸率与初始空洞体积分数对应表

板材厚度/mm	最佳拉伸率/%	初始空洞体积分数	初始空洞半径/mm
40	2.112 0	0.062	3.413 3
80	2.370 7	0.058	4.206 0
120	2.473 8	0.055	4.730 2
160	2.531 5	0.053	5.142 4
200	2.569 0	0.052	5.504 4

从图 9.3 和图 9.4 与表 9.1 中可以看出，铝合金预拉伸板越厚，在其最佳拉伸率下对应的初始空洞体积分数越小，在其最佳拉伸率下对应的初始空洞半径也越大，可以根据图 9.4 所得到的数据对铝合金预拉伸板进行无损检测，检测出的孔洞半径大于图 9.4 中对应的半径，则铝合金板有可能在预拉伸工艺中发生断裂，应淘汰此铝合金板。

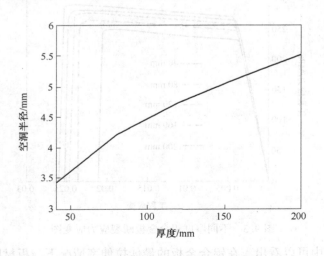

图 9.4 初始孔洞半径随板厚变化规律

9.3 淬火残余应力对铝合金板预拉伸断裂的影响

■9.3.1 淬火残余应力的分布

热处理是一种重要的生产工艺，能使材料获得较高的机械性能，但同时也会产生较大的淬火残余应力，尤其是铝合金厚板，淬火后的残余应力将超过 200 MPa。如此大的淬火残余应力必然会影响航空铝合金板的预拉伸断裂行为。

对于铝合金板的淬火残余应力的形成机理和分布规律，国内外已有大量的实验研究和数值模拟[59,115,116]。铝合金厚板在淬火过程中，初始时板材表面冷却速率快，导致表面收缩比芯部快，最终形成"外压内拉"的残余应力。研究结果表明，淬火残余应力主要由 X 和 Y 方向（图 9.5）的正应力组成，Z 方向的正应力以及剪应力很小，可以忽略不计。而且淬火残余应力在同一 X-Y 平面内保持不变，仅沿厚度 Z 方向变化，板材越厚，淬火后的残余应力的幅值越大，不同厚度板材的淬火残余应力分布规律相似。铝合金厚板内淬火残余应力分布如图 9.5 所示。

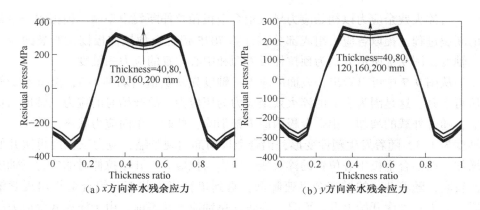

(a) x 方向淬水残余应力   (b) y 方向淬水残余应力

图 9.5 铝合金厚板内淬火残余应力分布

铝合金板材宽度和长度对淬火后板材内的残余应力大小及分布影响很小，而铝合金板材厚度是影响残余应力大小及分布的主要因素。根据已有的实验测试和数值模拟结果，将图 9.5 中数据归一化，铝合金板的残余应力在厚度方向上呈对称分布，可取对称部分进行分析，这样半椭圆裂纹简化为表面裂纹。淬火残余应力沿图 9.5 中 y 方向分布如图 9.6 所示，可将残余应力分布拟合成以下函数：

$$\sigma(y) = \sigma_0 [\,1.034\sin(0.21y + 0.898) + 0.206\sin(0.5678y + 3.26)\,], \quad 0 \leqslant y \leqslant T$$

$$(9.1)$$

式中，σ_0——最大应力值。

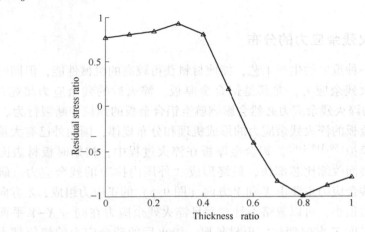

图 9.6　残余应力沿厚度方向的分布

■9.3.2　淬火残余应力对裂纹萌生的影响

　　将淬火残余应力以初始应力导入铝合金板预拉伸断裂模型中，模拟铝合金板的断裂过程。提取各应力组成部分，计算 7075 铝合金预拉伸板韧性断裂的应力三轴度，图 9.7 所示分别为预拉伸板表面和中心位置的应力三轴度。

　　从图 9.7 中可以看出，表面的应力三轴度先从负值增加到 1/3，保持不变然后再上升，这是因为表面的淬火残余应力为压应力，故开始时的应力三轴度为负值，随着外载的增加，铝合金板内应力被消除，此时为单向应力状态，故应力三轴度为 1/3，随着发生塑性变形，铝合金板局部出现紧缩，应力三轴度再次开始增加。而铝合金板中心位置的淬火残余应力为拉应力，开始拉伸时的应力三轴度比较高，随着载荷的增加会迅速降低，直到单轴应力状态，铝合金板出现紧缩后，应力三轴度开始上升。而且，在进入单轴应力状态前，由于淬火残余应力的影响，铝合金预拉伸板越厚即淬火残余应力越大，其表面应力三轴度初始变化越缓慢，随后都趋于 1/3。而中心位置的应力三轴度在进入局部颈缩状态之前的变化基本一样，之后会随厚度的增加而上升的趋势逐渐加剧。铝合金预拉伸板越厚，最终的断裂应变越小，应力三轴度越大。同时可以看出，对于设定的拉伸率在 1%~3% 的区间内，淬火残余应力还未完全消除，此时发生断带工况，必然会受到淬火残余应力的影响。按式（9.2）计算平均应力三轴度，如图 9.8 所示。

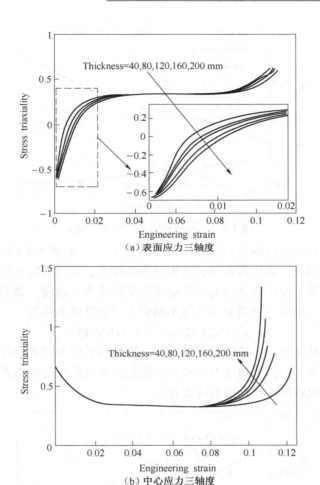

（a）表面应力三轴度

（b）中心应力三轴度

图 9.7　应力三轴度

从图 9.8 可以看出，各位置的平均应力三轴度都大于 0.4，同一铝合金板的中心位置的平均应力三轴度大于表面位置的平均应力三轴度，随着铝合金板厚度的增加，差别会越来越大。中心位置的平均应力三轴度随铝合金厚度增加而增大，而表面位置的平均应力三轴度的变化趋势却相反。材料等效断裂应变与平均应力三轴度成反比，从图 9.8 的平均应力三轴度变化趋势可以得出，裂纹首先出现在铝合金板中心位置，且铝合金板越厚，越先出现裂纹。这是因为淬火残余应力呈"内拉外压"分布，表面的淬火残余应力表现为压应力，会抑制裂纹生长，而中心位置的淬火残余应力表现为拉应力，会促进裂纹的生长；铝合金板越厚，淬火残余应力幅值越大，对裂纹的生长和抑制作用也就越明显。

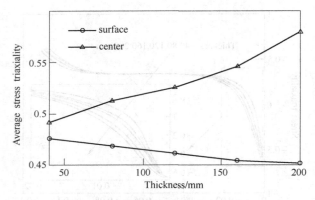

图 9.8　不同位置的平均应力三轴度

　　铝合金板拉伸裂纹的起裂与其应力三轴度有关，从图 9.8 的结果分析可知，拉伸过程中，裂纹首先出现在铝合金板的中心位置，通过有限元的模拟结果，计算铝合金板拉伸过程中起裂时的等效应变与平均应力三轴度，如图 9.9 所示，将结果进行拟合，得出等效断裂应变与平均应力三轴度的关系为

$$\overline{\varepsilon}_f = 2.632\exp(-2.516\text{AST}) \tag{9.2}$$

　　结果如图 9.9 所示。从图中可以看出，等效断裂应变随平均应力三轴度的增大而减小，图 9.8 中，平均应力三轴度会随铝合金板的厚度增加而增大，则可以得出，铝合金板越厚，拉伸断裂应变越小。

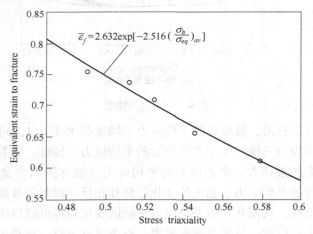

图 9.9　平均应力三轴度与等效断裂应变的关系

　　式（9.2）是铝合金厚板预拉伸时的裂纹萌生准则，根据此式能够判断裂纹萌生与应力状态的关系，为铝合金厚板预拉伸断带的预防提供理论基础。

■ 9.3.3　淬火残余应力对裂纹扩展的影响

淬火残余应力不仅对裂纹的萌生有所影响，而且对裂纹扩展也有影响。裂纹在萌生形成宏观裂纹后，可以通过计算裂纹扩展过程中的应力强度因子，来反映淬火残余应力的影响。

虽然已有很多学者对各种应力强度因子的计算进行了广泛的研究，但对于残余应力场中的应力强度因子的计算，权函数法无疑是一种最有效的方法，应力强度因子 K 可表示为

$$K = \int_0^a \sigma(y) \cdot F(y, b) \, \mathrm{d}y \tag{9.3}$$

式中，b——椭圆裂纹半短轴，裂纹深度；

$\sigma(y)$——无裂纹体中假想裂纹处的应力分布；

$F(y, b)$——对应的权函数。

式（9.3）表明，在任意裂纹面载荷 $\sigma(y)$ 作用下，只要知道了该裂纹的权函数 $F(y, a)$，则对应的应力强度因子可以通过积分求得。对于半椭圆表面裂纹，Shen 和 Glinka 提出一种普遍适用的权函数法，裂纹表面 A 点的权函数为

$$F_A(y, b) = \frac{2}{\sqrt{\pi y}} \left[1 + M_{1A} \left(\frac{y}{b} \right)^{\frac{1}{2}} + M_{2A} \left(\frac{y}{b} \right) + M_{3A} \left(\frac{y}{b} \right)^{\frac{3}{2}} \right] b \tag{9.4}$$

裂纹最深处 B 点的权函数可表示为

$$F_B(y, b) = \frac{2}{\sqrt{2\pi(b-y)}} \left[1 + M_{1B} \left(1 - \frac{y}{b} \right)^{\frac{1}{2}} + M_{2B} \left(1 - \frac{y}{b} \right) + M_{3B} \left(1 - \frac{y}{b} \right)^{\frac{3}{2}} \right]$$

$$\tag{9.5}$$

式中，M_{iA}，M_{iB} 为权函数的系数，仅取决于裂纹的几何形状。A，B 两点的应力强度因子可以分别表示为

$$\begin{cases} K_A = \int_0^a \sigma(y) F_A(y, b) \, \mathrm{d}y \\ K_B = \int_0^a \sigma(y) F_B(y, b) \, \mathrm{d}y \end{cases} \tag{9.6}$$

要得到 A，B 两点的应力强度因子须先确定权函数的系数 M_{iA}，M_{iB}。根据权函数的性质，在 $y = 0$ 处，有

$$\left. \frac{\partial^2 F_A(y, a)}{\partial y^2} \right|_{y=0} = 0 \tag{9.7}$$

在 $y = a$ 处，有

$$1 + M_{1B} + M_{2B} + M_{3B} = 0 \tag{9.8}$$

Shiratori 用有限元法研究了半椭圆裂纹表面几种典型的应力分布，选择应力均分布和线性分布时的应力强度因子求解 M_{iA}，M_{iB}。裂纹表面应力分布如图 9.10 所示，可表示为如下形式：

$$\sigma(y) = \sigma_0 \left(1 - \frac{y}{b} \right)$$

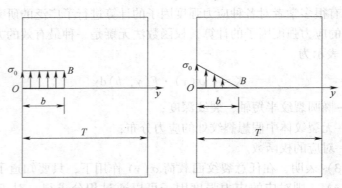

图 9.10　裂纹表面应力分布

将裂纹表面应力分布函数代入式（9.7）和式（9.8）中，对应的应力强度因子分别为

均分布 $\sigma(y) = \sigma_0$：

$$
\begin{cases}
K_0^A = \sigma_0 \sqrt{\dfrac{\pi b}{Q}} Y_{0A} = \displaystyle\int_0^b \frac{2\sigma_0}{\sqrt{\pi y}} \left[1 + M_{1A} \left(\frac{y}{b} \right)^{\frac{1}{2}} + M_{2A} \left(\frac{y}{b} \right) + M_{3A} \left(\frac{y}{b} \right)^{\frac{3}{2}} \right] dy \\[4mm]
K_0^B = \sigma_0 \sqrt{\dfrac{\pi b}{Q}} Y_{0B} = \displaystyle\int_0^b \frac{2\sigma_0}{\sqrt{2\pi(b-y)}} \left[1 + M_{1B} \left(1 - \frac{y}{b} \right)^{\frac{1}{2}} + M_{2B} \left(1 - \frac{y}{b} \right) + M_{3B} \left(1 - \frac{y}{b} \right)^{\frac{3}{2}} \right] dy
\end{cases}
$$

$$(9.9)$$

线性分布 $\sigma(y) = \sigma_0 \left(1 - \dfrac{y}{b} \right)$：

$$
\begin{cases}
K_1^A = \sigma_0 \sqrt{\dfrac{\pi b}{Q}} Y_{1A} = \displaystyle\int_0^b \frac{2\sigma_0 \left(1 - \dfrac{y}{b} \right)}{\sqrt{\pi y}} \left[1 + M_{1A} \left(\frac{y}{b} \right)^{\frac{1}{2}} + M_{2A} \left(\frac{y}{b} \right) + M_{3A} \left(\frac{y}{b} \right)^{\frac{3}{2}} \right] dy \\[4mm]
K_1^B = \sigma_0 \sqrt{\dfrac{\pi b}{Q}} Y_{1B} = \displaystyle\int_0^b \frac{2\sigma_0 \left(1 - \dfrac{y}{b} \right)}{\sqrt{2\pi(b-y)}} \left[1 + M_{1B} \left(1 - \frac{y}{b} \right)^{\frac{1}{2}} + M_{2B} \left(1 - \frac{y}{b} \right) + M_{3B} \left(1 - \frac{y}{b} \right)^{\frac{3}{2}} \right] dy
\end{cases}
$$

$$(9.10)$$

式中，$Q = 1 + 1.464\left(\dfrac{a}{b}\right)^{1.65}$。结合式（9.9）和式（9.10），可以得到 A，B 两点权函数系数的表达式：

$$\begin{cases} M_{1A} = \dfrac{2\pi}{\sqrt{2Q}}(2Y_{0A} - 3Y_{1A}) - 4.8 \\[2mm] M_{2A} = 3 \\[2mm] M_{3A} = \dfrac{6\pi}{\sqrt{2Q}}(-Y_{0A} + 2Y_{1A}) + 1.6 \end{cases} \tag{9.11}$$

$$\begin{cases} M_{1B} = \dfrac{3\pi}{\sqrt{Q}}(-3Y_{0B} + 5Y_{1B}) - 8 \\[2mm] M_{2B} = \dfrac{15\pi}{\sqrt{Q}}(2Y_{0B} - 3Y_{1B}) + 15 \\[2mm] M_{1B} = \dfrac{3\pi}{\sqrt{Q}}(-7Y_{0B} + 10Y_{1B}) - 8 \end{cases} \tag{9.12}$$

根据 Shiratori 的有限元计算结果，在 $0.2 \leqslant b/T \leqslant 0.8$，$0.2 \leqslant b/a \leqslant 1.0$ 的变化范围内，将 Y_A，Y_B 表示为 b/T 和 b/a 的函数：

$$Y_{i,j} = \sum_{m=0}^{3}\sum_{n=0}^{3} C_{m,n}\left(\frac{b}{a}\right)^n \left(\frac{b}{T}\right)^{2m} \quad (i = 0, 1; j = A, B) \tag{9.13}$$

其中，$C_{m,n}$ 为各项系数，具体数值如表 9.2 所示。

解出 M_{iA}，M_{iB} 后，便确定了应力场中半椭圆裂纹 A，B 两点的权函数，结合式（9.6）便可求得 A，B 两点处在淬火残余应力场中的 I 型应力强度因子。

表 9.2　拟合系数表

系列	$C_{m,n}$	$n = 0$	$n = 1$	$n = 2$	$n = 3$
Y_{0A}	$C_{0,n}$	0.267 0	1.552	−0.739 3	0.033 61
	$C_{1,n}$	−1.291	17.46	−38.71	23.29
	$C_{2,n}$	10.33	−81.55	175.4	−104.9
	$C_{3,n}$	−10.35	84.99	−185.0	110.9
Y_{1A}	$C_{0,n}$	0.280 5	1.041	−0.240 5	−0.139 4
	$C_{1,n}$	−1.379	16.11	−35.43	21.18
	$C_{2,n}$	9.560	−75.04	159.9	−94.74
	$C_{3,n}$	−9.654	77.87	−166.9	98.95

续表

系列	$C_{m,n}$	$n = 0$	$n = 1$	$n = 2$	$n = 3$
Y_{0B}	$C_{0,n}$	1.093	−0.016 58	−0.020 0	−0.026 49
	$C_{1,n}$	3.229	−8.339	7.493	−1.923
	$C_{2,n}$	2.450	−21.17	42.34	−24.52
	$C_{3,n}$	−5.965	33.20	−58.05	31.39
Y_{1B}	$C_{0,n}$	0.470 1	−0.018 26	−0.377 9	0.217 3
	$C_{1,n}$	1.744	−5.567	7.127	−2.956
	$C_{2,n}$	2.805	−13.28	20.19	−10.44
	$C_{3,n}$	−5.104	21.32	−31.58	15.79

为了验证权函数的正确性,可以用文献[117]中的有限元结果来检验。文献[117]中提供了几种典型的裂纹表面无裂纹时应力分布的数据,分别与本书权函数法计算出的结果进行对比。裂纹表面应力分布为

$$\sigma(y) = \sigma_0 \left(1 - \frac{y}{a}\right)^n \quad (n = 0, 1, 2, 3) \tag{9.14}$$

将应力强度因子无量纲化:

$$F = \frac{K}{\sigma_0 \sqrt{\pi \dfrac{a}{Q}}} \tag{9.15}$$

A,B 两点无量纲应力强度因子的计算结果对比图分别如图 9.11 和图 9.12 所示,图中 $0.2 \leqslant b/T \leqslant 0.8$,$0.2 \leqslant b/a \leqslant 1.0$。

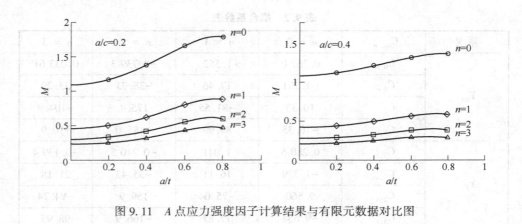

图 9.11 A 点应力强度因子计算结果与有限元数据对比图

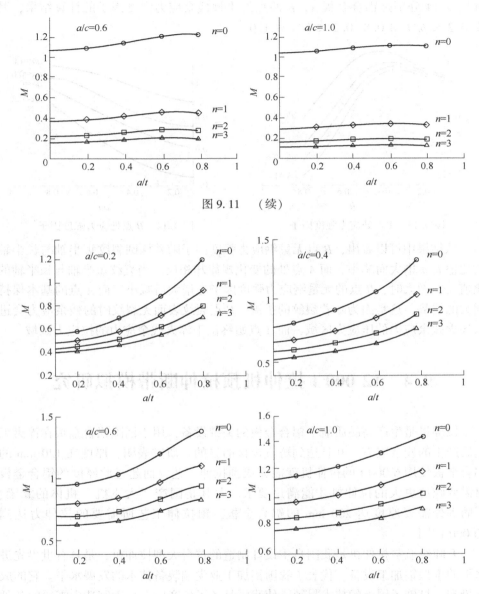

图 9.11　（续）

图 9.12　B 点应力强度因子计算结果与有限元数据对比图

从图 9.11 和图 9.12 中可以看出，在四种裂纹表面应力分布的情况下，权函数法所得结果与 Shiratori 的有限元结果吻合良好，最大误差不超过 4%，证明所建立的权函数计算裂纹表面不同应力分布的应力强度因子精度比较高。图 9.13

和图 9.14 分别是铝合金板 A，B 两点处 I 型残余应力强度因子的计算结果，其中 $0.2 \leqslant b/T \leqslant 0.8$, $0.2 \leqslant b/a \leqslant 1.0$。

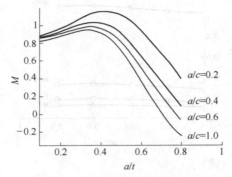

图 9.13 A 点处应力强度因子   图 9.14 B 点处应力强度因子

从结果中可以看出，B 点无量纲应力强度因子随着椭圆裂纹短半轴与长半轴的比值 b/a 增大而减小，而 A 点处的变化规律却相反。当裂纹短半轴与长半轴的比值 b/a 增大时，B 点的无量纲应力强度因子先增大后减小，而 A 点的基本保持增大的趋势，这是因为随着裂纹的扩展，B 点裂纹表面无裂纹时的残余应力会进入淬火残余应力的压应力区域，而 A 点始终位于淬火残余应力的拉应力区域。

9.4 12 000 t 拉伸机预拉伸断带模拟研究

拉伸机是生产高品质航空铝合金板的关键设备，用于消除铝合金板在淬火工艺后产生的残余应力，并且达到矫直板材的目的。研究表明，厚度在 120 mm 的铝合金板使用 6 000 t 的拉伸机就能完成预拉伸工艺，而超过此厚度的铝合金板材需要吨位更大的拉伸机才能满足要求。尤其是国产"大飞机"机体的翼梁、翼肋等处需要厚度达 200 mm 的铝合金板，预拉伸工艺所需要的拉伸力达到 10 000 t 以上。

万吨级航空拉伸机是我国自主设计制造的首台大型拉伸机，是具有世界先进水平的重型铝加工设备，代表了我国铝加工业尖端装备技术的发展水平。它的成功投产，打破了国外的技术封锁，使我国具备了生产航空航天制造中需要的各种铝合金厚板的能力，填补了国内空白，实现了"大飞机"项目铝合金板材的自主保障。拉伸机设备整体结构及受力复杂，同时要求拉伸变形控制精确。所以，一旦发生断带工况，若没有对应的缓冲装置，就会对拉伸机造成无可估量的损伤。展开万吨级航空铝合金板拉伸机的断带缓冲研究，模拟铝合金板预拉伸过程时断带冲击，拉伸机钳口部件以及机头在冲击力作用下的应力应变变化规律，为万吨级航空铝合金板拉伸机的断带缓冲提供理论支持。

9.4.1　万吨级航空拉伸机钳部件及工作原理

　　万吨级航空拉伸机钳口部件采用组合式结构，由垫板、导轨、钳口、智能缓冲材料和弹性螺栓组成。图 9.15 所示为单个钳口部件组成部分，沿铝合金板宽度方向有 13 个钳口，保证铝合金板材均匀受力。垫板固定在横梁上，导轨通过弹性螺栓安装在垫板上，弹性螺栓与垫板之间设置有智能缓冲材料，用于减小断带时钳口对拉伸机机头的冲击力。钳口采用楔形结构，具有锁死功能，用于夹紧铝合金板，防止铝合金板拉伸过程中滑动。钳口夹紧铝合金板的反作用力施加在垫板上，由拉伸机机头承受工作载荷。此种结构使得拉伸机机头承受更大的载荷。铝合金板发生断裂时，铝合金板带动钳口运动，使钳口有一个 y 方向的初始速度，并与导轨发生碰撞，然后和机头碰撞，将冲击力传递到机头上，随后钳口的冲击力由油缸缓冲吸收掉。断带时产生的最大冲击力为钳口与机头碰撞时产生的，需要对此冲击力进行模拟，并设置相关缓冲装置减小冲击力。

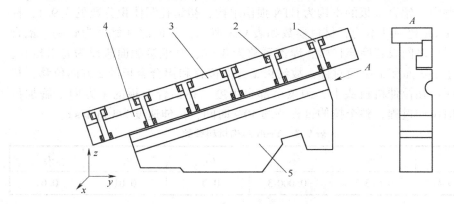

图 9.15　单个钳口部件组成部分

1—弹性螺栓；2—缓冲垫；3—垫板；4—导轨；5—钳口

9.4.2　考虑钳口夹持影响的预拉伸断裂模拟

　　铝合金板靠拉伸机钳口夹持施加塑性变形，预拉伸过程中钳口的加持力将作用在铝合金板上，导致铝合金与钳口接触部位应力最大，接触部位最先出现裂纹。为准确模拟铝合金板在拉伸过程中的断带过程，以及钳口部件在断带时的运动学和动力学行为，需要耦合铝合金板与钳口部件。

　　拉伸机的机头刚度相对于铝合金板材足够大，在模拟断带时可以先不考虑拉伸机机头。断带时铝合金板带动钳口运动，使钳口有一个初始速度。此初始速度对计算断带时产生的冲击力以及缓冲效果极为重要，故需要建立铝合金板与钳口的耦合模型，分析断带时钳口的动力学行为以及对机架的冲击力，模拟橡胶套的缓冲效果。因为拉伸机工作过程中钳口的边界条件可以认为是对称的，为节省计算时间，采用单个钳口的 1/2 模型进行计算，铝合金板与钳口的耦合有限元模型如图 9.16 所示。

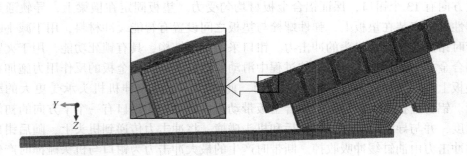

图 9.16　铝合金板与钳口的耦合有限元模型

模型中，铝合金板的本构为 GTN 损伤本构，初始孔洞体积分数见表 9.1，橡胶套为 Yeoh 超弹性本构，材料参数如表 9.3 所示，其他部件材料为碳钢。铝合金板与钳口之间设置摩擦接触，摩擦系数为 0.98，其他接触面假设为光滑接触。模型关于 y–z 面和 x–y 面对称，故约束 x 方向位移和铝合金板的 z 方向位移，垫板顶端固定在拉伸机机头上，约束全部自由度。在铝合金板的 y 方向上施加位移，模拟拉伸过程，整个拉伸过程持续 40 s 时间，拉伸速度为 4 mm/s。

表 9.3　Yeoh 本构材料参数

C_{01}	C_{20}	C_{30}	d_1	d_2	d_3
0.379 4	0.023 2	−0.000 3	0.01	0.01	0.01

铝合金板断带时，会对钳口产生冲击力，并带动钳口向 y 的负方向运动，随后铝合金板弹出，钳口与导轨发生碰撞，此时弹性螺栓和缓冲垫将对钳口起到缓冲保护的作用，然后将冲击力传给拉伸机机头。图 9.17 所示为断带时钳口与导轨的碰撞冲击力随时间变化的关系图。

从图 9.17 中可以看出，整个碰撞过程持续约 5 ms，但产生的冲击力达到 1.2×10^9 N，如此巨大的冲击力如果传递到拉伸机机头上，必将造成严重的破坏，所以需要弹性螺栓和缓冲垫进行缓冲，减小对拉伸机机头的破坏。计算钳口各弹性螺栓上受到的冲击力，将图 9.16 中 6 颗螺栓从右向在依次编号，各螺栓受到的冲击力如图 9.18 所示。

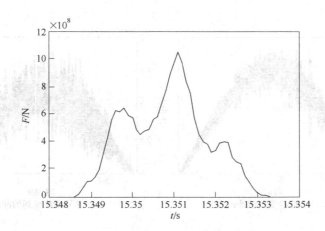

图 9.17　钳口与导轨的碰撞力随时间变化

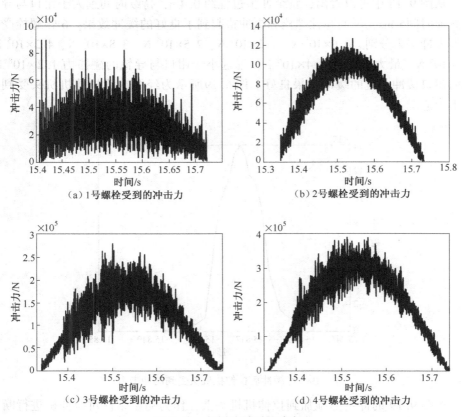

（a）1号螺栓受到的冲击力　　　　　（b）2号螺栓受到的冲击力

（c）3号螺栓受到的冲击力　　　　　（d）4号螺栓受到的冲击力

图 9.18　各螺栓受到的冲击力

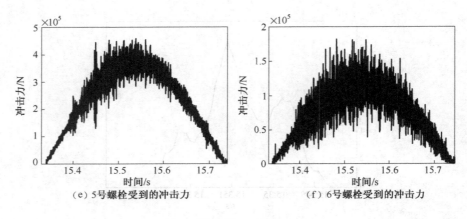

(e) 5号螺栓受到的冲击力　　　　(f) 6号螺栓受到的冲击力

图 9.18　（续）

从图 9.18 中可以看出，整个冲击过程约 0.4 s，持续时间远大于钳口与导轨的碰撞时间 5 ms，说明弹性螺栓和缓冲垫起到了良好的缓冲效果。6 颗螺栓受到的最大冲击力分别为 0.6×10^5 N、1.2×10^5 N、2.5×10^5 N、3.8×10^5 N、4.2×10^5 N、1.7×10^5 N，最大合力为 1.4×10^6 N，远远小于钳口与导轨的碰撞力 1.2×10^8 N，说明钳口缓冲装置的缓冲效果良好。图 9.19 所示为经缓冲后拉伸机机头受到的冲击力。

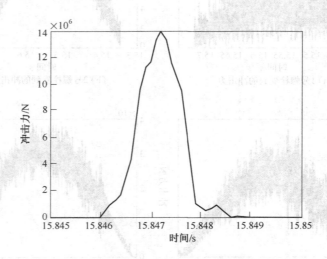

图 9.19　经缓冲后拉伸机机头受到的冲击力

将图 9.19 的冲击力施加到拉伸机机头上，作为初始条件对拉伸机进行断带冲击有限元分析。

9.5　12 000 t 拉伸机断带冲击响应分析

拉伸机在正常工况下，机架上的应力远小于其屈服强度，变形位移较小，满足机头的刚度需求，牙套始终处于接触状态，预紧力达到设计要求。但发生断带工况时，造成的冲击力将大于工作载荷，需要对拉伸机在断带工况下机头的应力、变形以及牙套的接触状态进行校验。

将图 9.19 的冲击力施加在固定机头机架上，用有限元模拟机架的冲击响应。拉伸机机头应力最大位置——横梁前端面中间位置、顶部斜面孔附近和定位孔，进行冲击响应分析，如图 9.20 所示。

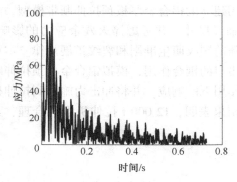

（a）横梁前端应力变化

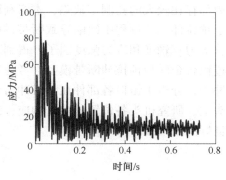

（b）横梁顶部应力变化

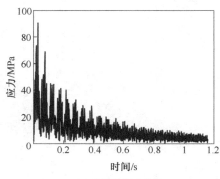

（c）定位孔应力变化

图 9.20　机架上应力变化

从图 9.20 可以看出，拉伸机机架上工作应力较大处——横梁前端和顶端位置，在断带冲击时，应力幅值最大在 100 MPa 以下，而定位孔处冲击应力较工作时的大，达到80 MPa，这是因为机架结构缓冲效果较好，而定位孔位置受到冲击缓冲较小，所以机架上的冲击应力较小，定位孔位置的冲击应力较大，验证了 12 000 t 拉伸机的结构具有较好的缓冲效果。

9.6 本章小结

12 000 t 拉伸机是生产高品质航空铝合金板的关键设备，实现了我国铝合金厚板生产线关键设备及其工艺的国产化，打破了国外对航空厚板的垄断，改变了我国 "大飞机" 等制造用材料受制于人的局面，对保障国家安全具有战略意义。万吨级拉伸机的断带保护属于国际性难题。铝合金预拉伸板断带的主要原因是材料内部存在较大的孔洞等缺陷，本章利用建立的铝合金厚板预拉伸断带模型，分析了预拉伸工艺过程中缺陷导致断带的临界尺寸，并考虑淬火残余应力的影响，计算应力三轴度和应力强度因子，得到新的裂纹萌生准则和裂纹扩展规律。本章通过铝合金厚板预拉伸断带模型，考虑钳口的耦合作用，模拟铝合金板预拉伸断带冲击，分析了钳口各部件在断带冲击作用下的响应，并将冲击力施加到拉伸机机头上，研究机头各位置的冲击响应，结果表明，12 000 t 拉伸机设计合理，具有良好的断带缓冲效果。

第 *10* 章

实 验 研 究

10.1 引　言

为确定 7075 铝合金材料的本构参数，需要对其进行拉伸测试，并对测试结果进行拟合分析，确定合适的材料参数，确保本书的有限元模型的正确性。同时，为检验万吨拉伸机的断带缓冲效果及模拟分析的正确性，对拉伸机工作过程进行现场实验测试。拉伸机的现场实验测试包括两个方面内容：一是在拉伸机拉伸过程中，对固定机头、活动机头中的顶梁、底梁、上下横梁以及部分螺栓、压套等重要零部件的应力进行测试，并与有限元分析结果进行对比；二是在拉伸机发生断带工况时，对拉伸机机架各零部件进行应力测试，验证拉伸机的缓冲效果。

10.2 小试件实验

由于铝合金板材产品尺寸规格大，成本较高，而且实验过程需要多次重复，因此开展铝合金小试件实验非常有必要。

10.2.1 小试件淬火实验

小试件淬火实验主要是为了检验 4.3 节数值模拟的淬火残余应力结果，通过两者的结果对比，验证本书所建立的全耦合法数值模拟铝合金板材淬火过程仿真模型的准确性。

1. 实验材料及淬火工况

与数值模拟淬火对象一致，实验材料为 7075 铝合金板材，尺寸规格（长度

×宽度×厚度）为 280 mm×26 mm×12 mm。

淬火热处理相关设备如图 10.1 所示。

（a）盐浴加热炉　　　　　　　　　　　（b）淬火水池

图 10.1　淬火热处理相关设备

淬火热处理过程：将试件放入加热至 473 ℃的高温炉（盐浴加热炉）中，保温时间为80 min。出炉后立即将试样放入水池（室温）中进行淬火，转移时间控制在 10 s 以内，水中停留时间不少于 30 s。

2. 实验测试

测定残余应力的方法采用目前已广泛应用、测量精度较高、测量技术较为成熟的盲孔法。依据文献 [118]，盲孔法中释放系数 A，B 的确定可依据相关理论公式推算得到，其中系数 A 采用修正系数 1.065 进行修正，B 系数则不需修正，即可保证测试误差在 6.5%之内，这就避免了每次测试前需要对释放系数进行标定。

由于盲孔法测试残余应力每次仅能测试一个点，钻孔点之间的距离以及钻孔点离边缘的距离过小都会影响测量精度，且考虑到每一个钻孔测量耗费时间较长，每片试件选取 6 个点进行测量，测试点位置如图 10.2 所示，其中 0 号点为板材中心点。

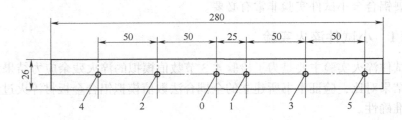

图 10.2　淬火工件尺寸规格及测试点位置

　　试件淬火完毕后间隔 30 min，采用 ZDL-Ⅱ型盲孔法钻孔装置进行钻孔测试淬火残余应力，如图 10.3 所示。

　　　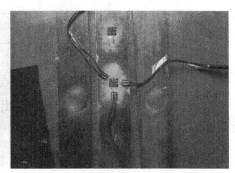

（a）钻孔装置　　　　　　　　　　　　（b）钻孔试样

图 10.3　钻孔法测量相关设备及试样

3. 实验结果

　　对多个淬火试样进行淬火热处理后测试其对应点（图 10.2）的淬火残余应力，钻孔测试后取每个对应测试点残余应力数据的平均值，测试结果如图 10.4 所示。

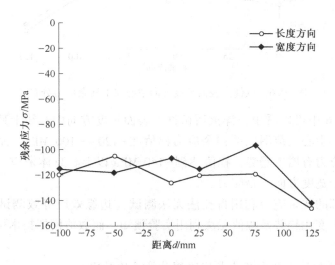

图 10.4　测试点残余应力测试值

　　为了便于与数值模拟结果比较，将实验测试点（图 10.2）利用对称关系对应移至试件的一边，如图 10.5 所示。

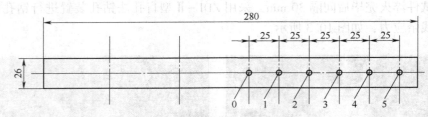

图 10.5 测试点对应等效位置图

图 10.6 所示为对称处理后实验测出的试件上表面长度方向中心线上从中心至端部的淬火残余应力分布曲线。

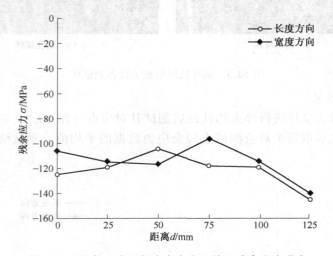

图 10.6 试件上表面长度方向中心线上残余应力分布

从图 10.6 中可以看出，淬火后试件上表面长度方向中心线上残余应力均为压应力，靠近中心大范围内的残余应力幅值在 $-120 \sim -100$ MPa，靠近端部的局部区域残余应力有增大趋势，幅值达到 -140 MPa 以上。总体来说，长度方向残余应力略大于宽度方向残余应力。

由于端部的残余应力利用盲孔法无法测试（边缘效应导致测试精度降低），端部残余应力变化趋势及幅值无法利用实验预知，而数值模拟技术可以弥补这一缺陷。

4. 数值模拟淬火残余应力与实验测量结果的对比

实验测试点处于一条直线上（图 10.5），对应于有限元模型的路径 CM（图 4.2）。路径 CM 上残余应力分布见图 4.6，数值模拟结果与实验测试结果对比如图 10.7 所示。

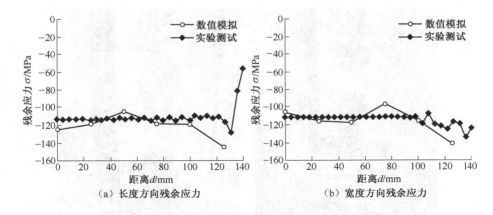

（a）长度方向残余应力 （b）宽度方向残余应力

图 10.7 路径 *CM* 上淬火残余应力对比

由图 10.7 的对比，验证了数值模拟有着很好的精度，测试值与模拟值比较接近，其误差均在 10% 左右，且弥补了实验无法测试的端部残余应力值。

■ 10.2.2 小试件拉伸实验

小试件拉伸实验主要是为了检验 5.2 节数值模拟的拉伸后残余应力、拉伸率优化以及变形区域量化的结果，通过两者的结果对比，验证本书所建立的数值模拟铝合金板材拉伸过程仿真模型的准确性。

相关文献的实验测试数据和数值模拟结果显示，预拉伸后板材表层和芯部的残余应力同步得到了消除，表层和芯部的应力变化所决定的三个变形区域的范围基本相同，故以实验测量手段进行拉伸率的优化和锯切量的量化时，依据铝合金板材的表面残余应力的测量结果即可达到目的。

1. 实验材料及拉伸工况

与数值模拟拉伸对象一致，实验材料为 7075 铝合金板材，尺寸规格（长度×宽度×厚度）为 280 mm×26 mm×12 mm。

实验过程主要分为铝合金试件的保温、淬火、拉伸以及残余应力测试几个流程。保温淬火过程与上述实验淬火过程相同。拉伸过程为：试件淬火完毕后间隔 30 min，在 AGIS-250 拉伸仪上进行拉伸，拉伸率依次为 0.5%，1.0% 和 1.5%，每种拉伸率均由淬火后的试件一步到位进行拉伸，无反复拉伸操作，拉伸速度为 0.5 mm/s。其中拉伸率由拉伸量传感器连接到计算机自动控制，当达到预先设置好的拉伸量时，自动停止拉伸加载，以确保实验时拉伸率的精确度。

图 10.8 所示为实验拉伸设备及现场测试照片。

图 10.8　实验拉伸设备及现场测试照片

2. 实验测试

测定残余应力的方法仍为钻孔法，采用 ZDL-Ⅱ型钻孔装置进行钻孔测试，钻孔深度为 2 mm。

由于每个点的测试比较费时，为了减小铝合金时效效应的影响，故将拉伸率优化和变形区量化的实验测试分开进行，则测试点选的选择分以下两种情况。

（1）检验拉伸率的优化结果时，测点选在试件表面的中部区域，相当于实际生产过程中板材的成材区域，是消除残余应力的重点关注区域。且由于盲孔法测试残余应力每次仅能测试一个点，钻孔点之间的距离以及钻孔点离边缘的距离过小都会影响测量精度，每片试件选取 4 个点进行测量，测试点位置及拉伸夹持位置如图 10.9 所示，其中 0 号点为板材中心点。试件淬火完毕后间隔 30 min 后进行钻孔测试淬火残余应力，拉伸完毕测试点位置与淬火后测试点位置一致，每个测试实验重复 5 次。

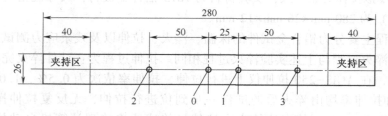

图 10.9　优化拉伸率的测试点位置及拉伸夹持位置

（2）检验变形区域的量化结果时，依据数值模拟结果，过渡区在长度方向为一个较小的范围，而测试点的具体位置须体现过渡区的边界，故有测试点的位置间距很小，实验中难以实现在一个过渡区同时钻孔测试两个点，根据试件结构及边界条件对称，在试件的两个过渡区错位各测一个点，然后对称转换至一端进行对比评价。每片试件选取 4 个点进行测量，测试点位置及拉伸夹持位置如图10.10 所示，其中 0 号点为板材中心点，每个测试实验重复 5 次。

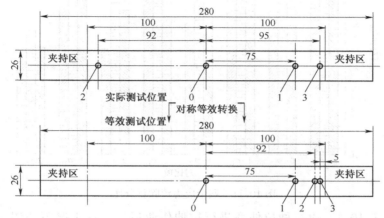

图 10.10 量化变形区域的测试点位置

3. 实验结果

优化拉伸率的测试结果如表 10.1 所示。

表 10.1 优化拉伸率的测试结果 单位：MPa

拉伸量 /%	残余应力（X 向 σ_{11}，Y 向 σ_{22}）							
	0 号点		1 号点		2 号点		3 号点	
	σ_{11}	σ_{22}	σ_{11}	σ_{22}	σ_{11}	σ_{22}	σ_{11}	σ_{22}
0	−125.01	−106.23	−119.52	−115.42	−104.87	−117.03	−118.73	−96.41
0.5	−9.06	−16.04	−9.57	−15.66	−10.81	−15.75	−12.16	−17.13
1.0	−7.58	−12.16	−7.86	−12.38	−9.75	−14.61	−8.63	−15.22
1.5	−8.14	−14.37	−10.11	−17.27	−11.36	−19.82	−15.30	−18.62

从表 10.1 的实验数据对比可以看出，采用三种拉伸率进行拉伸后的铝合金试件残余应力均大幅度消减，不论是 X 向还是 Y 向残余应力均已被消减至 ±20 MPa 以内。

图 10.11 所示为各测试点对应的残余应力消除百分比，四个测试点的对比结果均显示拉伸率为 1.0% 时残余应力消除效果最好，这与数值模拟的拉伸率优化结果一致，可见数值模拟和实验测量均是优化拉伸率的有效手段。

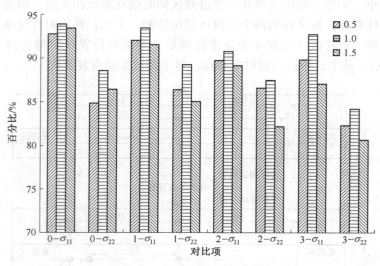

图 10.11 残余应力消除百分比

结合表 10.1，以三种拉伸率进行拉伸作业后，三种工况下的铝合金板材的残余应力效果存在较大差别。以表 10.1 所示的 1 号点长度方向残余应力为例，若开始以 1.5%的拉伸率作为实际生产中拉伸工艺参数进行预拉伸，再以优化后的拉伸工艺参数 1.0%进行预拉伸，则长度方向残余应力在原来基础上进一步消减了 22.3%，可见优化拉伸率对提高实际生产质量有着明显的改进作用。

量化变形区域的测试结果如表 10.2 所示。

表 10.2 量化变形区域的测试结果　　　　　　单位：MPa

拉伸量 /%	残余应力（X 向 σ_{11}，Y 向 σ_{22}）							
	0 号点		1 号点		2 号点		3 号点	
	σ_{11}	σ_{22}	σ_{11}	σ_{22}	σ_{11}	σ_{22}	σ_{11}	σ_{22}
0.5	−8.97	−13.67	−11.36	−15.52	−16.85	−15.34	−39.45	−30.28
1.0	−7.69	−13.03	−8.43	−14.71	−9.36	−10.27	−31.32	−28.08
1.5	−8.84	−14.18	−15.57	−16.38	−11.37	−12.25	−32.65	−29.87

由于应力分布具有连续性，沿试件表面长度方向的中心线将实验测试数据拟合成曲线，如图 10.12 所示。实验测试过程中受人力物力所限，只能依据数值模拟结果选取关键位置点进行实验测试验证，图 10.12 中的测试数据曲线与图 4.8

中的数值模拟曲线有着相同的变化趋势，应力突变位置也基本吻合，说明通过数值模拟技术得出的锯切量符合实际情况。

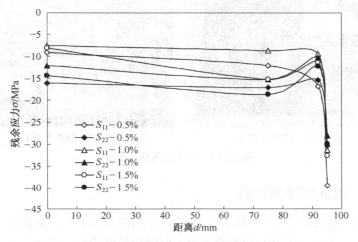

图 10.12　实验测试残余应力分布曲线

对于不同厚度的大型板材，在铝合金小试样上得到实验验证的数值模拟方法可直接应用于实际生产中的大型铝合金板材，对其锯切量进行量化确定，以降低铝合金板材生产成本及提高成材率。

结合图 4.9 和图 10.12，数值模拟和实验测试结果均显示，以三种拉伸率拉伸后，三种工况下的过渡区范围差别不大，即锯切量的大小受拉伸率的影响较小。图 10.10 中的 0，1 号点属于应力均匀区，2，3 号点属于过渡区，表 10.2 所列出的应力值大小与数值模拟预估结果接近，即应力均匀区应力水平的绝对值大约在 10 MPa 的量级，过渡区的残余应力水平在几十兆帕，且该区域内应力变化波动较大。

10.3　工业现场实验

现场实验在铝合金板材生产厂家的生产车间进行，测试所用铝合金板材的尺寸规格与表 4.4 一致。

测试过程主要分为铝合金板材淬火后和拉伸后的残余应力测试。残余应力的测定方法为盲孔法，采用 ZDL-Ⅱ 型钻孔装置进行钻孔法残余应力测试，钻孔深度为 2 mm，相关测试设备如图 10.13 所示。测试均重复 5 次，然后取平均值。

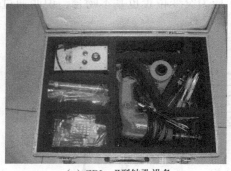

（a）ZDL-Ⅱ型钻孔设备 　　（b）数据采集设备

图 10.13　残余应力测试设备

▌10.3.1　辊底炉淬火实验

淬火工序在辊底炉（图 10.14）中进行，加热至 473 ℃，保温一段时间，再进行喷水淬火作业，保温时间和喷水淬火时间由厚度决定，具体如表 10.3 所示。

图 10.14　辊底炉

表 10.3　辊底炉淬火工艺参数表

厚度 h/mm	加热温度/℃	保温时间 t/min	喷水时间 t/s
10	473	41	15
20	473	47	25
40	473	80	40
80	473	137	100

淬火残余应力的测量位置主要在铝合金板材中部区域（残余应力均匀区）随机选取一系列的离散点，各点测试结果取平均值，如表 10.4 所示。

表 10.4　辊底炉淬火残余应力测试值

厚度 h/mm	淬火残余应力	
	长度方向 σ_1/MPa	宽度方向 σ_2/MPa
10	−118.26	−106.39
20	−197.62	−185.34
40	−236.71	−225.77
80	−251.36	−239.06

结合图 4.22 的残余应力分布曲线，将表 10.4 中的实验测试结果与表 4.5 中的数值模拟结果对比，两者在数值上比较接近。需要指出的是，实验测试结果限于板材外表层，而表 4.5 中的残余应力范围对应于板材厚度，包括板材外表层、次表层、次中心面以及中心面等，而最大的压应力出现在板材次表层上，故表 10.4 中的实验测试数据会小于板材淬火残余应力的幅值。图 4.22 中所展示的板材外表层（厚度比为 0 和 1 时）残余应力数值与表 10.4 中的测试值的误差均在 10% 左右。

10.3.2　6 000 t 拉伸机拉伸实验

拉伸工序为淬火完毕后，在 6 000 t 拉伸机（图 10.15）上进行拉伸，拉伸时先给予适量的拉伸力使板材被钳口夹紧，并确保板材在拉伸机上已绷紧，从而减小板材因重力作用而产生的挠度，拉伸率与表 5.1 一致。

图 10.15　6 000 t 拉伸机

　　拉伸残余应力的测量位置分为两部分：为了考察不同拉伸率的残余应力消除效果，在板材中部区域选取多个测试点；为了量化过渡区的范围，设 h 为板材厚度，测点中心和夹持钳口端部距离依次为 $0.2h$、$0.5h$、$0.6h$、$0.7h$、h，由于盲孔法测试残余应力每次仅能测试一个点，钻孔点之间的距离以及钻孔点离边缘的距离过小会影响测量精度，故当测试点距离过近时，则将其中一点沿宽度方向平移合适的距离而使测点中心和夹持钳口端部距离保持不变，所有测试点尽量靠近板材外表面长度方向的中心线。

　　表 10.5 所示为 7075 铝合金板材在 6 000 t 拉伸机上拉伸后残余应力的测试结果。以最优拉伸率拉伸后过渡区残余应力测试结果如表 10.6 所示，将表 10.6 中的数据点绘制成曲线，如图 10.16 所示。

表 10.5　7075 铝合金板材应力均匀区残余应力测试结果

厚度 h/mm	拉伸率 δ/%	残余应力	
		长度方向 σ_1/MPa	宽度方向 σ_2/MPa
10	0.5	−18.52	−15.33
	0.8	−15.48	−12.72
	1.0	−12.38	−9.75
	1.2	−14.50	−11.67
	1.5	−16.73	−13.78
20	1.2	−34.36	−26.73
	1.5	−31.82	−23.87
	1.8	−25.39	−16.09
	2.2	−29.69	−24.07
	2.4	−35.27	−25.66
40	1.8	−40.27	−20.31
	2.0	−33.87	−18.03
	2.2	−28.03	−17.28
	2.4	−36.90	−19.59
	2.6	−39.31	−21.57
80	2.0	−64.33	−43.01
	2.2	−58.98	−40.07
	2.4	−49.15	−36.61
	2.7	−58.71	−40.83
	3.0	−62.15	−48.96

表 10.6 7075 铝合金板材应力过渡区残余应力测试结果

板材厚度 h/mm	拉伸率 δ/%	测量点距夹持端部距离 d/mm	残余应力测试值	
			长度方向 σ_1/MPa	宽度方向 σ_2/MPa
10	1.0	0.2h	−35.32	−30.08
		0.5h	−19.53	−16.16
		0.6h	−14.36	−11.27
		0.7h	−13.63	−11.22
		h	−13.27	−10.16
20	1.8	0.2h	−53.56	−49.21
		0.5h	−35.08	−25.01
		0.6h	−27.83	−18.07
		0.7h	−27.07	−17.13
		h	−26.83	−16.09
40	2.2	0.2h	−65.87	−61.43
		0.5h	−39.12	−28.73
		0.6h	−32.11	−21.22
		0.7h	−30.25	−19.33
		h	−30.03	−17.88
80	2.4	0.2h	−75.43	−72.38
		0.5h	−58.17	−45.51
		0.6h	−51.25	−38.79
		0.7h	−50.97	−38.23
		h	−50.15	−35.61

从表 10.5 中可以看到，经过塑性拉伸后，铝合金板材的残余应力得到了大幅度的消减，适量地调整拉伸率，残余应力消除效果出现波动，其中消除效果最佳的拉伸率数据与表 5.2 中的数据吻合，这也验证了铝合金淬火-拉伸过程数值模拟有着很好的精确度。

图 10.16 中的测试数据曲线的"拐点"位置基本出现在 0.6h~0.7h 之间，这与数值模拟结果得出的过渡区范围（长度）为板材厚度的 60%~70% 这一结论

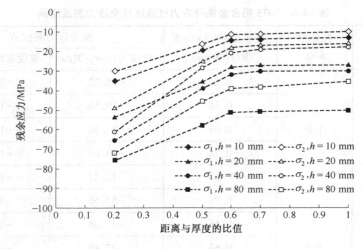

图 10.16 过渡区残余应力分布曲线

吻合。考虑到实际拉伸过程中的受力不均和材质的分布不均，结合现场实验测试结果建议过渡区长度尺寸取板材厚度尺寸的 100%，即实际锯切量为夹持区长度与板材厚度之和。

10.4 拉伸机安装过程测试

预紧螺栓连接拉伸机机头的上下横梁，是承受预紧力和工作载荷的关键零部件，其预紧力的大小将会影响拉伸机的工作状况。预紧力过小，当拉伸力较大时，牙套将会松弛，不能固定上下横梁，造成上下横梁错位，产生严重后果；预紧力过大，使预紧螺栓承受额外的载荷，使其长期处于高载荷下工作，影响其使用寿命。所以，需要在拉伸机安装过程中进行在线监测，保证每个预紧螺栓施加合适的预紧力。

当预紧力均匀作用在每根大螺栓上时，可以根据测得的应变值得到预紧力的大小：

$$F = ES\varepsilon = E\pi r^2\varepsilon \qquad (10.1)$$

式中，F——每根大螺栓的预紧力；

S——大螺栓的面积，$S = \pi r^2$；

r——螺栓的半径，$r = 250$ mm；

E——大螺栓的弹性模量；

ε——测得的应变值。

在每个预紧螺栓的内外两侧分别布置一个应变片，两应变片成 180°，另外在前端的两个压套选取两个位置进行测试。测试采用 1/4 桥电路，选用应变仪的动态测试模块。固定夹头和活动夹头的大螺栓工作片布置位置以及螺栓编号如图 10.17 和图 10.18 所示。

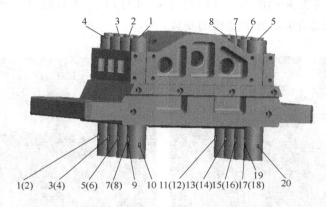

图 10.17　固定夹头应变片布置图

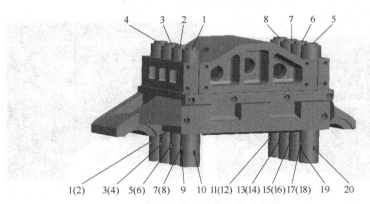

图 10.18　活动夹头应变片布置图

根据前面计算可知，各螺栓的预紧力值如表 10.7 所示。要求最终安装完成后，预紧力与设定值相差不超过 0.05×10^7 N。

表 10.7　螺栓预紧力值

螺栓编号	1, 5	2, 6	3, 7	4, 8
预紧力/N	2.35×10^7	2.30×10^7	2.25×10^7	2.20×10^7

　　由于加载的预紧力比较大，普通的安装方法会使横梁翘曲，使大螺栓受力不均匀，影响拉伸机的正常工作，甚至可能引发安全事故。安装螺母时，两个加载器分别沿横梁对称的位置加载，采用两种安装方案，如图 10.19 所示。第一种方案，先将中间 4 颗螺母加载 1.00×10^7 N 左右，然后按照 1 和 5 号，2 和 6 号，3 和 7 号，4 和 8 号的顺序安装。第二种方案，先将中间 4 颗螺母，即 2，6 和 3，7 号螺母加载到 2.30×10^7 N，然后安装 4，8 号和 1，5 号螺母。通过试装发现，第二种方案更适合此次预紧螺栓的安装。

图 10.19　现场安装调试图

　　经过多次加载、调试，其过程如图 10.20 所示，从图中可以看出，受加载的预紧螺栓应力应变增大，而其他预紧螺栓会出现少许的松弛，所以需要多次反复加载。最终固定机头和活动机头预紧螺栓的实际预紧力如表 10.8 和表 10.9 所示，满足安装要求。

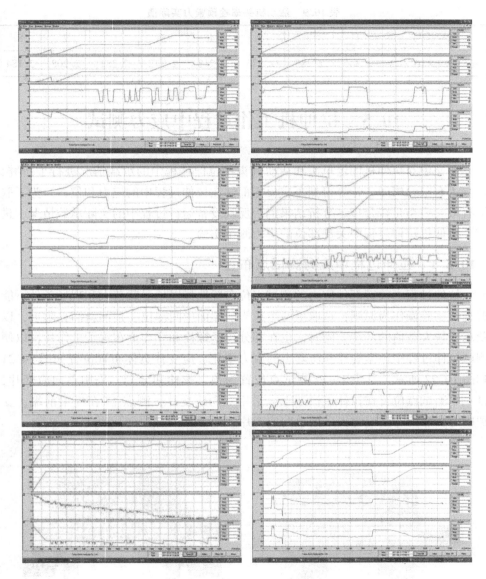

图 10.20　预紧螺栓安装调试过程

表 10.8　固定机头螺栓预紧力实际值

螺栓编号	1	2	3	4	5	6	7	8
预紧力（$\times 10^7$/N）	2.342	2.261	2.221	2.196	2.330	2.245	2.184	2.204

表 10.9 活动机头螺栓预紧力实际值

螺栓编号	1	2	3	4	5	6	7	8
预紧力（$\times 10^7$/N）	2.346	2.285	2.273	2.213	2.342	2.281	2.208	2.184

10.5 拉伸机工作过程中应力测试

前文中对拉伸机固定机头和活动机头在拉伸过程中的承载情况进行了研究，建立了有限元模型，计算得到了主要零部件在拉伸过程中的应力和位移。为了验证有限元模型是否合理、分析结果能否反映设备运行过程中的实际承载情况，进行了拉伸机拉伸过程中关键部位的应力测试实验。

■ 10.5.1 拉伸过程中应力测试点布置

拉伸过程中关键部件应力的测试点位布置选择以承受载荷大和现场条件下能够进行实验操作为原则，选取了两个机头前端面中间部位、顶部斜面孔附近，以及承受较大载荷的部位。同时，也在部分预紧螺栓和牙套上布置了工作片，以便测试拉伸过程中预紧螺栓和压套上的应力变化。应变片具体布置位置如图 10.21 和图 10.22 所示。其中 1~10 测试点位置为预紧螺栓和牙套，采用单向应变片，11~16 测试点位置在拉伸机机架上，采用双向应变片，测点 17 在横梁前端，受到应力状态为弯曲应力，采用单向应变片。

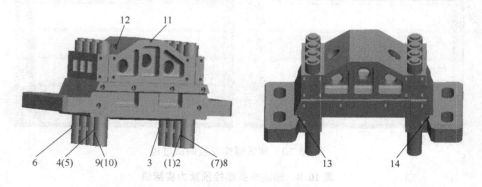

图 10.21 固定夹头应变片布置图

应变片按图 10.21 和图 10.22 布置完毕后，将信号线引到安全位置，连接计算机和数据采集仪，拉伸机测试现场如图 10.23 所示。

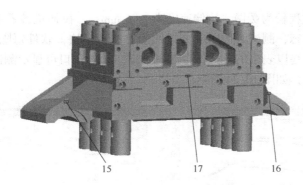

图 10.22 活动夹头应变片布置图

图 10.23 拉伸机测试现场

10.5.2 拉伸机拉伸过程中结构强度测试

为验证拉伸机工作时各位置的受力状态是否满足设计要求,在拉伸机预拉伸过程中关键零部件的应力进行了多次测试,此处选择五种典型工况测试的结果进行分析,这五种工况分别对应常用板材厚度、最厚板材、最大钳口负载系数、最宽板材和最大拉伸力。

各工况的铝合金板材相关参数如表 10.10 所示。

表 10.10 各工况的铝合金板材相关参数

测试工况	拉伸力/N	板材截面尺寸(宽×厚)/mm²
1	6.80×10^7	1 290 × 160
2	7.60×10^7	1 210 × 200
3	8.60×10^7	1 500 × 175
4	8.90×10^7	2 100 × 132
5	1.05×10^8	1 800 × 180

　　由于拉伸过程较为缓慢，拉伸速度为 2~6 mm/s，拉伸机各零部件受力状态可以认为是静力状态，测试时选用应变仪的静态测试模块，软件每隔 6 ms 记录一次各测点应变，最终以表格的形式保存测试数据。软件窗口可显示测试过程中各测点的实时应变曲线，如图 10.24 所示。

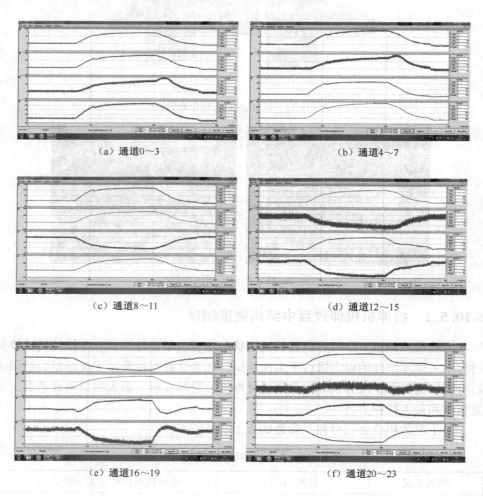

　　　　　（a）通道0~3　　　　　　　　　　　　（b）通道4~7

　　　　　（c）通道8~11　　　　　　　　　　　（d）通道12~15

　　　　　（e）通道16~19　　　　　　　　　　　（f）通道20~23

图 10.24　测试中测点的动态应变曲线

　　根据各测试点拉伸过程中的应变曲线，选择其中各点应变值均达到最大的时间点，将此刻的应变值换算成应力值，并将测得的应力值与有限元计算的应力值分析比较，验证有限元分析结果的正确性。各工况测试的结果如表 10.11 ~ 表 10.15 所示。

表 10.11　工况 1 计算与测试结果比较

测点	有限元计算值/MPa	测试值/MPa	误差/%
1	16.2	14.8	9.7
2	17.5	16.1	8.7
3	4.1	4.3	4.9
4	16.2	14.4	17.3
5	19.5	17.7	9.2
6	4.1	4.5	9.8
7	25.6	22.5	9.3
8	58.6	50.6	13.6
9	27.6	24.1	12.7
10	58.6	56.2	4.1
11	30.0	29.1	3.0
12	48.6	45.0	8.0
13	14.5	16.7	15.6
14	14.5	13.8	5.1
15	18.3	16.6	10.2
16	18.3	19.3	5.8
17	55.6	61.0	9.7

表 10.12　工况 2 计算与测试结果比较

测点	有限元计算值/MPa	测试值/MPa	误差/%
1	15.1	15.0	0.7
2	20.8	17.5	15.7
3	7.1	6.4	9.8
4	15.1	13.8	8.6
5	20.8	19.4	6.7
6	7.1	6.2	12.7
7	22.7	22.9	0.9
8	69.2	66.2	4.5

测点	有限元计算值/MPa	测试值/MPa	误差/%
9	22.7	23.7	4.4
10	69.2	64.7	6.5
11	34.2	33.9	0.9
12	54.6	56.2	4.3
13	15.7	17.7	12.7
14	15.7	14.6	7.5
15	18.2	17.6	3.4
16	18.2	19.3	5.7
17	59.4	61.7	3.7

表 10.13　工况 3 计算与测试结果比较

测　点	有限元计算值/MPa	测试值/MPa	误　差/%
1	16.7	16.9	1.2
2	23.5	20.4	13.2
3	8.6	7.4	14.0
4	16.7	14.2	15.0
5	23.5	21.2	9.8
6	8.6	7.0	18.6
7	24.2	23.1	4.5
8	76.7	66.7	13.0
9	24.2	21.8	9.9
10	76.7	72.3	5.7
11	39.0	38.4	1.5
12	58.4	53.8	7.9
13	31.5	31.7	0.6
14	31.5	26.4	16.2
15	21.3	17.5	17.8
16	21.3	23.6	9.8
17	65.0	68.2	4.7

表 10.14 工况 4 计算与测试结果比较

测 点	有限元计算值/MPa	测试值/MPa	误 差/%
1	21.6	22.0	1.8
2	26.2	25.8	2.3
3	6.8	6.0	13.3
4	21.6	20.4	5.9
5	26.2	26.8	2.2
6	6.8	5.8	17.2
7	38.6	40.8	5.4
8	80.5	81.4	1.1
9	38.6	36.7	5.2
10	80.5	85.1	5.4
11	38.2	36.8	3.8
12	62.3	53.0	17.5
13	20.8	21.9	5.1
14	—	—	—
15	15.9	13.3	19.5
16	15.9	19.8	19.7
17	66.2	71.7	7.6

表 10.15 工况 5 计算与测试结果比较

测 点	有限元计算值/MPa	测试值/MPa	误 差/%
1	22.8	23.5	3.0
2	28.9	27.4	5.5
3	7.2	8.2	12.2
4	22.8	21.4	6.5
5	28.9	27.8	3.2
6	7.2	8.7	17.2
7	33.8	38.1	12.7
8	81.2	88.6	8.4
9	33.8	35.0	3.4

测 点	有限元计算值/MPa	测试值/MPa	误 差/%
10	81.2	94.8	14.3
11	47.6	49.0	2.9
12	72.6	65.6	10.7
13	28.6	27.0	5.9
14	—	—	—
15	19.5	17.0	14.7
16	19.5	22.5	13.3
17	83.7	87.6	4.5

测试过程中，各工况下拉伸机运行良好，工作稳定，板材拉伸质量合格。从表 10.11~表 10.15 可以看出，各工况下拉伸机上应力分布规律一致，均是横梁中部（测试点 17）和顶（底）梁斜面孔附近（测试点 12）应力较大。测试中，机架上最大应力为 87.6 MPa，是拉伸力达到 1.050×10^8 N 时横梁中间位置测得的。机架上应力值远小于材料的许用应力值，安全系数大。

通过有限元分析计算结果与现场测试结果比较发现，各个测试点应力的计算值与测试值接近，除个别点外，误差均在 10% 以内，属于工程测试允许的范围内。实验测试结果证明有限元分析的边界条件合理、模型正确，与实际情况吻合，有限元分析的结果能够反映设备实际运行过程中应力分布的规律。

■ 10.5.3 拉伸机断带冲击测试

航空铝合金板材价格昂贵，拉伸机断带测试成本太高，为检验拉伸机在断带时的工作状况，测试了一块尺寸（长度×宽度×厚度）为 9 500 mm×1 500 mm×175 mm 的铝合金厚板。测试过程按正常工况进行，未在板材内部预设裂纹或缺口，当拉伸力达到 8 600 t 左右时发生断带，图 10.25 是断带后的铝合金板材，从图中可以看出，由于受到钳口的压力，裂纹最先出现在与钳口接触区域，然后迅速沿厚度方向扩展，再向宽度方向扩展，与前面有限元模拟结果一致。断带时测试点的动态应变曲线如图 10.26 所示。

从图 10.26 可以看出，拉伸机机架各测试点位置在断带时受到的冲击力不大，都在其承受范围内。将各测试结果中的最大应变换算成应力，选取几个关键点（预紧螺栓测试点 1，顶梁受力最大处测试点 12，固定端测试点 13，横梁受力最大处测试点 17）与有限元模拟结果进行对比，如图 10.27 所示。

图 10.25　铝合金板断裂现场图

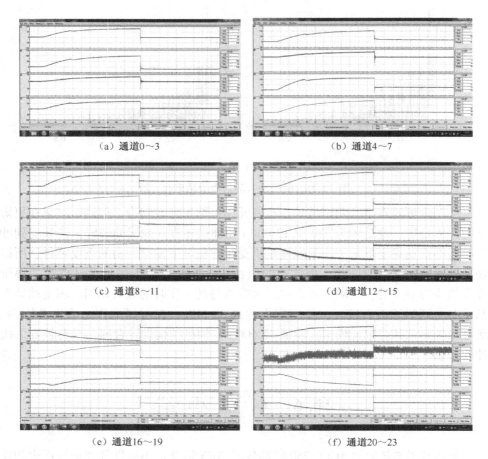

（a）通道0～3　　　　　　　　　　（b）通道4～7

（c）通道8～11　　　　　　　　　　（d）通道12～15

（e）通道16～19　　　　　　　　　　（f）通道20～23

图 10.26　断带时测试点的动态应变曲线

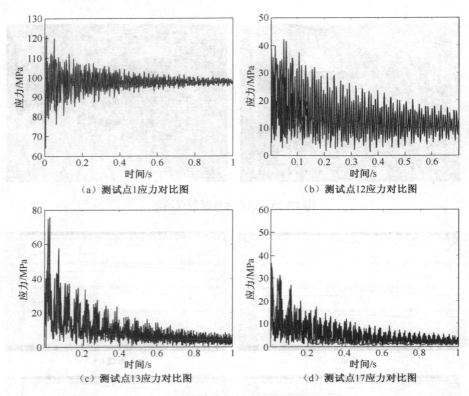

图 10.27　断带冲击测试模拟结果对比图

从图中可以看出，测试结果与有限元模拟结果比较吻合，但测试结果在更短的时间内稳定，这是因为实际上 12 000 t 拉伸机还有其他缓冲装置，使其受到冲击时能够快速稳定下来。预紧螺栓是承受拉伸机上下横梁冲击的重要零件，所以预紧螺栓冲击振动时间长，但振动幅值在 130 MPa 以下，满足设计要求。横梁和顶梁受力最大处，在断带冲击时最大应力与其工作时的载荷相当，固定端处在断带时受到的冲击力较大，最大应力达到 80 MPa，在材料的许用应力范围内。通过现场测试和有限元模拟，验证 12 000 t 拉伸机结构设计合理，具有较好的缓冲效果。

10.6　本章小结

利用盐浴加热炉和 AGIS-250 拉伸仪对 7075 铝合金小试件分别进行淬火和拉伸作业，采用盲孔法测试相应点的淬火残余应力和拉伸后残余应力，将实验结果和数值模拟结果对比分析，检验铝合金板材淬火过程和拉伸过程数值模拟模型的准确性。针对不同厚度的大型铝合金板材，利用生产厂家的辊底炉以标准工艺进行淬火作业，然后在 6 000 t 拉伸机上以不同拉伸率完成预拉伸工序，依据数值模拟结果选取相应的测试点进行残余应力测量，依据测量结果确定大型铝合金板材的拉伸工艺相关参数。对拉伸机的安装过程进行在线监测，保证拉伸机的预紧螺栓安装满足设计要求。现场测试了五种典型工况的拉伸机工作应力和断带时的冲击应力，并与有限元计算结果进行对比，验证 12 000 t 拉伸机的结构设计合理。

（1）7075 铝合金小试件的淬火实验中，试件上对应点的实测结果与数值模拟结果基本吻合。这表明本书所建立的铝合金板材淬火过程全耦合数值模拟模型是可靠的，可应用于铝合金板材的淬火残余应力预估。

（2）7075 铝合金小试件的拉伸实验中，依据实验测试结果得出的最优拉伸率、变形区域范围以及锯切量与数值模拟结果基本吻合。验证了本书所建立的铝合金板材拉伸过程数值模拟模型的可靠性，利用该数值模拟方法，可精确找寻出铝合金板材的最优拉伸率以及板材拉伸后的变形区域范围，从而提高机械拉伸法消除残余应力的效果以及确定具体的锯切量。

（3）对于不同厚度的大型铝合金板材的拉伸工艺参数，生产现场实验测试得出结果与本书利用数值模拟方法预估的结果吻合，这些拉伸工艺参数可直接应用于实际生产工序中。

（4）通过在线监测 12 000 t 拉伸机的安装中预紧螺栓的应力应变，采用先中间后两边的安装流程，经多次反复调整，完成预紧螺栓的安装，并确保预紧力达到安装要求，与理论计算值误差不超过 5%。

（5）选取五种典型工况对 12 000 t 拉伸机工作过程中进行在线测试，并与有限元计算结果进行对比，测试结果与计算结果吻合良好，除个别测试点外，误差在 10% 以内，验证有限元模型的正确性和 12 000 t 拉伸机结构设计合理，有限元模型的边界条件合理，模型正确，与实际情况吻合。因此，用该有限元模型分析得到的极限工况 12 000 t 拉伸力下机头的计算结果合理，能够能用于预测设备的受力状态。

（6）测试了拉伸机在断带时机架上各关键点的应力应变，与有限元结果进行对比，结果表明，应力最大幅值基本一致，且冲击应力衰减较快，拉伸机具有良好的缓冲效果。机架上各关键点的冲击应力除固定端位置外皆较小，固定端处的冲击应力大于工作时的应力，达到 80 MPa，满足设计要求；预紧螺栓的冲击振动持续时间稍长，表明 12 000 t 拉伸机机架的总体刚度好，预紧螺栓承担了主要的冲击载荷，并起到缓冲作用，保证了设备的整体安全，验证了结构设计的合理性。

▪ 第 *11* 章 ▪

结论与展望

11.1 结　　论

本书采用数值模拟技术结合实验验证的手段，针对航空用 7075 铝合金板材淬火残余应力形成过程、淬火后残余应力的分布规律以及机械拉伸法消除残余应力技术所涉及的拉伸率和锯切量等工艺参数优化等问题开展研究。以某万吨铝合金厚板张力拉伸机为研究对象，根据拉伸机结构和工作原理，考虑铝合金板材厚度、材料缺陷和淬火残余应力的影响，建立万吨张力拉伸机拉伸断带分析模型，研究了不同工况下拉伸机拉伸断带的冲击响应，为万吨拉伸机的断带预防提供理论基础。

本书的主要研究内容及结论如下。

（1）基于铝合金流变应力特性，建立全耦合法数值模拟铝合金淬火过程的仿真模型，对不同厚度 7075 铝合金板材的淬火残余应力大小及分布规律进行了研究。揭示淬火过程中温度场、应力应变场、拉应力与压应力区域转换以及塑性变形区域分布等变化规律，得到不同厚度铝合金板材的淬火残余应力大小及分布。结果表明，7075 铝合金板材淬火后残余应力沿板材厚度呈现"外压内拉"分布，表层至中心层的压应力到拉应力转换是非单调的变化，沿板材厚度呈"W"形分布；在垂直于厚度的每个层面上无论长度方向还是宽度方向的淬火残余应力在中心大部分区域分布较均匀（应力大小接近），仅在边缘出现应力突变；淬火残余应力峰值随着板材厚度的增加相应增大，其增幅则随着厚度的增加而趋于平缓，对于厚度分别为 10 mm、20 mm、40 mm 和 80 mm 的 7075 铝合金板材，其淬火残余应力范围依次大约为 ±120 MPa、±200 MPa、±240 MPa 和 ±260 MPa。

（2）研究了机械拉伸法消除铝合金板材淬火残余应力的机理，建立了铝合金板材预拉伸数值模拟弹塑性模型，针对不同厚度的 7075 铝合金板材，围绕拉伸率变化对残余应力消除效果的影响开展研究，得到拉伸后残余应力的大小及分布规律。研究结果表明，不同拉伸率消除残余应力的效果不同，拉伸载荷施加的塑性变形不是越大越好，过量的塑性变形会产生额外的应力叠加使得最终的残余应力消除效果减弱，而过小的塑性变形所产生的应力不足以抵消原有的淬火残余应力，同样不能达到良好的消除效果；最佳拉伸率随着板材厚度的增加相应增大，选择合理的拉伸率可以消除残余应力达 80%~90%，对于厚度分别为 10 mm、20 mm、40 mm 和 80 mm 的 7075 铝合金板材，合理的拉伸率依次为 1.0%、1.8%、2.0% 和 ±2.4%。

（3）考虑铝合金板材实际拉伸过程中夹持钳口的制约作用，建立了基于弹塑性接触的预拉伸过程数值模拟弹塑性模型，得出 7075 铝合金板材拉伸后应力均匀区、过渡区、夹持区及各区残余应力的分布规律。研究结果显示，厚度为 10~80 mm 的 7075 铝合金板材预拉伸后，应力均匀区残余应力水平的绝对值大约在 10 MPa 的量级，夹持区残余应力水平的绝对值在 100 MPa 的量级，过渡区的残余应力水平介于两者之间。夹持区的残余应力没有得到有效的消减，过渡区残余应力消除百分比在 50% 左右，应力均匀区的残余应力消除百分比接近 90%，决定锯切量变化的过渡区范围则为板材厚度的 60%~70%。

（4）铝合金板材淬火残余应力和拉伸后残余应力的实验研究。采用盐浴炉和 AGIS-250 拉伸仪分别对 7075 铝合金小试件进行淬火和拉伸，测量淬火后和拉伸后残余应力，验证了本书建立的淬火拉伸数值模拟模型的准确性；对辊底炉淬火和 6 000 t 拉伸机拉伸的 7075 铝合金板材进行了现场实验测试，检验数值模拟分析出的拉伸工艺参数的正确性。

（5）对某万吨铝合金厚板张力拉伸机进行受力分析，利用有限元方法对其极限工况下的强度和刚度进行分析。分析结果表明，拉伸机机头的最大应力为 82 MPa，满足强度设计要求；最大位移量为 2.23 mm，满足刚度设计要求。

（6）建立了考虑铝合金板材厚度、淬火残余应力和材料初始缺陷的万吨拉伸机拉伸断带分析模型。利用 GTN 本构方程描述铝合金板拉伸断带过程，引入损伤变量 f 来描述材料缺陷在拉伸过程中的变化，设计相关小试件实验，确定 GTN 本构方程中的材料参数；考虑铝合金板材与钳口的摩擦接触、钳口与拉伸机机架接触关系，使分析模型能够准确模拟断带冲击过程。

（7）将万吨张力拉伸机的钳口部件与铝合金板材耦合，模拟铝合金板材拉伸断带时对钳口部件的冲击，得到拉伸断带时钳口、弹性螺栓以及拉伸机机架的冲击力的变化规律，为钳口缓冲提供理论依据。模拟某万吨铝合金厚板拉伸机机架等关键零部件在断带冲击力作用下的应力应变变化，表明拉伸机机架在断带冲击时的最大应力为 100 MPa 左右，比极限工况时的应力大 21.9%；变形位移比极限工况时的小 23.5%，拉伸机结构具有良好的缓冲效果，能够承受断带冲击，从理论上验证万吨铝合金厚板张力拉伸机结构设计的合理性。

(8) 研究五种典型厚度的铝合金板拉伸断带过程，分析应力应变以及孔洞体积分数在铝合金板拉伸变形过程中的变化规律。表明铝合金板的断裂应变在 11% 左右，其拉伸断带的主要原因是由于材料中存在较大缺陷。基于不同厚度铝合金板的最佳拉伸率，确定了拉伸断带时临界初始孔洞体积分数，计算缺陷临界尺寸随板材厚度的变化规律，为拉伸前的无损检测提供理论支撑。将裂纹简化为椭圆形裂纹，研究拉伸过程中的应力强度因子的变化规律，结果表明铝合金板中裂纹沿厚度方向扩展的速率快于沿宽度方向扩展的速率。

(9) 研究拉伸断带时拉伸机钳口和机架各零部件的冲击响应，与现场试验测试结果进行对比。拉伸机工作时的各关键点应力测试结果与有限元计算结果较吻合，验证了某万吨铝合金厚板张力拉伸机结构设计合理，具有良好的断带缓冲效果。

11.2 展　望

航空铝合金整体结构件的加工变形，是国际上长期关注而又亟待解决的世界性难题。铝合金板坯初始残余应力在加工过程中释放与重新分布是导致航空整体结构件加工变形的主要原因之一。因此，铝合金板坯残余应力的调控与消除研究一直受到广泛重视。铝合金板材淬火残余应力是其消除技术研究的初始条件，所以机械拉伸法消除铝合金板材残余应力工艺的研究必然涉及淬火残余应力的研究。本书在铝合金板材淬火残余应力的形成过程、分布规律以及机械拉伸法消除残余应力工艺方面取得了相应的成果，但还需在以下几个方面做进一步的研究。

(1) 铝合金淬火残余应力的形成机理的研究。学术界对铝合金淬火残余应力的形成机理一直比较模糊，铝合金淬火过程是一个复杂的热力耦合过程，涉及很多瞬变的物理量，还伴随着微观结构上的变化，以现有的技术手段对其进行全面而又精确的测量和描述十分困难。随着基础理论研究的深入和实验测量技术的发展，渴望对淬火残余应力的形成机理作出更系统的解释，逐步达成统一认识。

(2) 不同温度下铝合金材料组织和性能变化规律相关的基本数据需要进一

步补充和完善。利用数值模拟技术来分析铝合金淬火过程，为铝合金淬火残余应力的研究开辟了新途径，但建立数值模拟淬火模型时，与温度相关的物性参数比较有限或残缺不全。改进物性参数的测定方法，精确归纳出物性参数和温度间关系的回归公式，是铝合金淬火残余应力及消除工艺研究的当务之急。

（3）利用数值模拟技术研究机械拉伸法消除铝合金淬火残余应力工艺时，采用了若干理想化的假设，实际铝合金板材存在组织成分不均匀等因素，导致实际拉伸过程中出现拉伸载荷所产生的延伸率沿板材长度分布不均匀的现象，在进一步的研究工作中需要予以考虑，如数值模拟拉伸过程时，在获得相关材料特性参数的前提下，可建立各向异性的三维模型进行仿真分析。

万吨级航空铝合金板拉伸机是生产高品质的航空铝合金板材的关键设备，其断带保护技术属于国际性难题。铝合金厚板在轧制、淬火等工艺中产生的缺陷是导致其预拉伸断带的主要原因，同时还受到与拉伸机钳口的接触、淬火残余应力等影响。本书考虑了淬火残余应力的影响，建立了钳口铝合金板耦合的预拉伸断带模型，在导致铝合金板预拉伸断带的临界初始缺陷尺寸、断带机理及缓冲等方面取得了相应的研究成果，但还需在以下几个方面做进一步的研究。

（1）铝合金板拉伸断裂机理的研究需要进一步的完善。铝合金的化学成分对缺陷的形成也有重大的影响，在铝合金板坯的轧制、淬火等工艺过程中，材料的化学成分、轧制的压下量、速率以及淬火冷却速率等，涉及很多瞬变的物理量，还伴随着微观结构上的变化，以现有的技术手段难以对其进行全面而又精确的描述。随着基础理论的深入研究和实验测量技术的发展，渴望对铝合金板预拉伸断带机理作出更为精确的描述。

（2）利用有限元数值模拟技术研究铝合金厚板的断裂时，采用了若干理想化的假设，实际上材料内部的缺陷形状各异，大小不同，导致材料组织成分不均匀，在进一步的研究工作中可考虑这些影响因素，建立各向异性的材料模型和局部缺陷的断裂模型进行数值模拟分析。

（3）拉伸机结构复杂，零部件众多，有限元模型中有大量的接触面。断带时的冲击力是通过这些接触面进行传递的。目前还难以精确描述不同材料、不同几何的接触面相互作用，而且计算代价十分巨大。期望能找到一种既能较为准确描述各接触面作用的算法，计算代价又较小的方法来模拟拉伸机的断带缓冲。

参 考 文 献

[1] 陈一坚. 中国新一代超音速歼击轰炸机——"飞豹"[J]. 空军工程大学学报·自然科学版, 2001, 2 (5): 1-3.

[2] 王炎. 飞机整体结构件数控加工技术应用中的问题与对策 [J]. 航空制造工程, 1998 (4): 28-30.

[3] 蔡奎, 丁华锋, 李大峰, 等. 万吨航空铝合金张力拉伸机结构强度分析与试验 [J]. 机械设计与制造, 2013 (6): 112-115.

[4] 朱才朝, 罗家元, 钟渝. 考虑夹持影响的铝合金板拉伸模拟及试验 [J]. 材料科学与工艺, 2011, 19 (6): 16-21.

[5] Koc M, Culp J, Altan T. Prediction of residual stresses in quenched aluminum blocks and their reduction through cold working processes [J]. Journal of Materials Processing Technology, 2006, 174 (1-3): 342-354.

[6] 王祝堂. 数说全球铝合金板材预拉伸机 [J]. 有色金属加工, 2015 (3).

[7] 黄维勇, 汪恩辉, 张超, 等. 西南铝 120MN 全浮动张力拉伸机组 [J]. 重型机械, 2013 (1).

[8] 计红涛. 大型张力拉伸机拉伸工艺分析及断带保护研究 [D]. 太原: 太原科技大学, 2010.

[9] Huiping L, Guoqun Z, Shanting N, et al. FEM simulation of quenching process and experimental verification of simulation results [J]. Materials Science and Engineering: A, 2007, 452-453: 705-714.

[10] 方博武. 金属冷热加工的残余应力 [M]. 北京: 高等教育出版社, 1991.

[11] Sandifer J P, Bowie G E. Residual stress by blind-hole method with off-center hole [J]. Experimental Mechanics, 1978, 18 (5): 173-179.

[12] 姚善长, T. Ericsson. 淬火过程的计算机模拟 [J]. 金属热处理, 1987 (8): 29-36.

[13] Schr¶Der R. Influences on development of thermal and residual stresses in quenched steel cylinders of different dimensions [J]. Metal Science Journal, 1985, 1 (10): 754-764.

[14] Sjä¶Strä¶M S. Interactions and constitutive models for calculating quench stresses in steel [J]. Metal Science Journal, 1985, 1 (10): 823-829.

[15] 袁发荣. 轴对称金属物体淬火过程中非定常的温度场与相变场的数值解 [J]. 西安理工大学学报, 1985 (1): 131-136.

[16] 袁发荣, 伍尚礼. 轴对称金属物体淬火过程中的瞬态温度场与残余应力场 [J]. 机械工程学报, 1986, 22 (3): 96-104.

[17] 吴景之. 温度场计算机模拟在国外大锻件生产中的应用 [J]. 大型铸锻件, 1993 (2): 64-66.

[18] 吴景之. 大锻件加热 [J]. 大型铸锻件, 1992 (3): 12-18.

［19］石林. 涡轮盘淬火的计算机模拟［J］. 航空制造工程，1997（3）：30-31.

［20］何家文，徐可为，李家宝. 残余应力研究概况［J］. 国际学术动态，1998（2）：75-76.

［21］Tanner D A, Robinson J S. Reducing residual stress in 2014 aluminium alloy die forgings［J］. Materials & Design, 2008, 29（7）：1489-1496.

［22］Tanner D A, Robinson J S. Modelling stress reduction techniques of cold compression and stretching in wrought aluminium alloy products［J］. Finite Elements in Analysis & Design, 2003, 39（5）：369-386.

［23］Tanner D A, Robinson J S. Residual stress prediction and determination in 7010 aluminum alloy forgings［J］. Experimental Mechanics, 2000, 40（1）：75-82.

［24］Todinov M T. Mechanism for formation of the residual stresses from quenching［J］. Modelling & Simulation in Materials Science & Engineering, 1998, 6（3）：273.

［25］Zhang T, Bao R, Lu S, et al. Investigation of fatigue crack propagation mechanisms of branching crack in 2324-T39 aluminum alloy thin plates under cyclic loading spectrum［J］. International Journal of Fatigue, 2016, 82：602-615.

［26］Kumar S M, Pramod R, Kumar M E S, et al. Evaluation of Fracture Toughness and Mechanical Properties of Aluminum Alloy 7075, T6 with Nickel Coating［J］. Procedia Engineering, 2014, 97：178-185.

［27］Aksel B, Arthur W R, Mukherjee S. A Study of Quenching：Experiment and Modelling［J］. Journal of Manufacturing Science & Engineering, 1992, 114（3）：309.

［28］李健. 铝合金残余应力的降低和释放［J］. 航天制造技术，1993（4）：48-50.

［29］李利. 铝合金板淬火残余应力的拉伸消除方法［J］. 轻合金加工技术，1999（5）：16-18.

［30］陈昌麒，刘培英，周铁涛，等. 铝合金热处理计算机模拟的一些进展［J］. 材料热处理学报，2001, 22（1）：55-59.

［31］朱伟. 7075 铝合金厚板淬火残余应力的研究［D］. 长沙：中南大学，2002：12-14.

［32］胡少虬，张辉，杨立斌，等. 7075 铝合金厚板淬火温度场及热应力场的数值模拟［J］. 湘潭大学自然科学学报，2004, 26（2）：66-71.

［33］Koc M, Culp J, Altan T. Prediction of residual stresses in quenched aluminum blocks and their reduction through cold working processes［J］. Journal of Materials Processing Tech, 2006, 174（1）：342-354.

［34］赵祖德，王秋成，谢伟东，等. 7A04 铝合金构件深冷处理过程瞬态温度场的数值模拟［J］. 低温工程，2007（2）：21-23.

［35］姚灿阳，吴运新，袁望姣. 表面换热系数对铝厚板淬火温度和应力演变影响的数值模拟［J］. 机械工程师，2007（3）：58-60.

［36］许晓静，韦宝存，房士义，等. 铝合金大厚板淬火残余应力数值分析［J］. 江苏大学学报（自然科学版），2010, 31（3）：296-299.

［37］朱才朝，罗家元，李大峰，等. 7075 铝合金板预拉伸工艺研究［J］. 机械工程学报，

2011, 47 (24): 57-62.

[38] 朱才朝, 罗家元, 李大峰, 等. 基于流变应力特性的铝合金淬火残余应力数值模拟及试验研究 [J]. 机械工程学报, 2010, 46 (22): 41-46.

[39] Su H H, Sheng L L. Study of a 3D FEM combined with the slab method for shape rolling [J]. Journal of Materials Processing Tech, 2000, 100 (1): 74-79.

[40] Brinksmeier E, Cammett J T, König W, et al. Residual Stresses——Measurement and Causes in Machining Processes [J]. CIRP Annals-Manufacturing Technology, 1982, 31 (2): 491-510.

[41] Kamamoto S, Nishimori T, Kinoshita S. Analysis of residual stress and distortion resulting from quenching in large low-alloy steel shafts [J]. Metal Science Journal, 1985, 1 (10): 798-804.

[42] 陈功德. 60MN 拉伸机技术改造 [J]. 铝加工, 2003 (5).

[43] 辜蕾钢, 汪凌云, 刘饶川. 铝合金厚板预拉伸过程分析 [J]. 轻合金加工技术, 2004, 32 (4): 27-29.

[44] 江志邦, 宋殿臣, 关云华. 世界先进的航空用铝合金厚板生产技术 [J]. 轻合金加工技术, 2005, 33 (4): 1-7.

[45] 柯映林, 董辉跃. 7075 铝合金厚板预拉伸模拟分析及其在淬火残余应力消除中的应用 [J]. 中国有色金属学报, 2004, 14 (4): 639-645.

[46] 王桂伟, 方洪渊, 范成磊, 等. 7804 铝合金厚板生产过程优化的数值分析 [J]. 材料科学与工艺, 2005, 13 (1): 70-74.

[47] 张园园, 吴运新, 李丽敏, 等. 7075 铝合金预拉伸板淬火后残余应力的有限元模拟 [J]. 热加工工艺, 2008, 37 (14): 88-91.

[48] 张园园. 铝合金厚板淬火过程及预拉伸热-力仿真与实验研究 [D]. 长沙: 中南大学, 2008.

[49] 龚海, 吴运新, 廖凯. 预拉伸对 7075 铝合金厚板残余应力分布的影响 [J]. 材料热处理学报, 2009, 30 (6): 201-205.

[50] 廖凯, 吴运新, 龚海. 淬火铝合金厚板预拉伸变形区域仿真与分析 [J]. 材料热处理学报, 2009, 30 (2): 198-202.

[51] 廖凯, 吴运新, 龚海. 铝合金预拉伸厚板非均匀区应力场特征 [J]. 材料科学与工艺, 2010, 18 (1): 79-82.

[52] 周美初. 大型拉伸机设备安装技术 [J]. 安装, 2014 (6).

[53] 朱才朝, 黄泽好, 谭勇虎, 等. 6 000 t 拉伸矫直机拉伸头承载能力的研究 [J]. 农业机械学报, 2006 (4): 107-110.

[54] 何潜, 汪恩辉, 张超, 等. 对万吨级板材张力拉伸机夹持机理的研究 [J]. 重型机械, 2014 (4): 20-24.

[55] Rendler N J, Vigness I. Hole-drilling strain-gage method of measuring residual stresses [J]. Experimental Mechanics, 1966, 6 (12): 577-586.

［56］ Niku-Lari A, Lu J, Flavenot J F. Measurement of residual-stress distribution by the incremental hole-drilling method ［J］. Journal of Mechanical Working Technology, 1985, 11 (2): 167-188.

［57］ 王祝堂. 数说全球铝合金板材预拉伸机 ［J］. 有色金属加工, 2015, 6 (3): 1-5.

［58］ Benseddiq N, Imad A. A ductile fracture analysis using a local damage model ［J］. International Journal of Pressure Vessels and Piping, 2008, 85 (4): 219-227.

［59］ Ding H, Zhu C, Zhou Z, et al. Ductile failure in processed thin sheet metals ［C］. ASME 2013 International Mechanical Engineering Congress and Exposition, IMECE 2013, November 15, 2013-November 21, 2013, 2013: ASME.

［60］ Bonora N, Gentile D, Pirondi A, et al. Ductile damage evolution under triaxial state of stress: theory and experiments ［J］. International Journal of Plasticity, 2005, 21 (5): 981-1007.

［61］ McClintock F A. A Criterion for Ductile Fracture by the Growth of Holes ［J］. Journal of Applied Mechanics, 1968, 35 (2): 363-371.

［62］ Papasidero J, Doquet V, Mohr D. Ductile fracture of aluminum 2024-T351 under proportional and non-proportional multi-axial loading: Bao – Wierzbicki results revisited ［J］. International Journal of Solids and Structures, 2015, 69-70: 459-474.

［63］ Gurson A L. Continuum Theory of Ductile Rupture by Void Nucleation and Growth: Part I—Yield Criteria and Flow Rules for Porous Ductile Media ［J］. Journal of Engineering Materials and Technology, 1977, 99 (1): 2-15.

［64］ Trillat M, Pastor J. Limit analysis and Gurson's model ［J］. European Journal of Mechanics-A/Solids, 2005, 24 (5): 800-819.

［65］ Monchiet V, Charkaluk E, Kondo D. A micromechanics-based modification of the Gurson criterion by using Eshelby-like velocity fields ［J］. European Journal of Mechanics-A/Solids, 2011, 30 (6): 940-949.

［66］ Nahshon K, Hutchinson J W. Modification of the Gurson Model for shear failure ［J］. European Journal of Mechanics-A/Solids, 2008, 27 (1): 1-17.

［67］ Tvergaard V. On localization in ductile materials containing spherical voids ［J］. International Journal of Fracture, 1982, 18 (4): 237-252.

［68］ Needleman A, Tvergaard V. An analysis of ductile rupture in notched bars ［J］. Journal of the Mechanics and Physics of Solids, 1984, 32 (6): 461-490.

［69］ Gupta S, Venkata Reddy N, Dixit P M. Ductile fracture prediction in axisymmetric upsetting using continuum damage mechanics ［J］. Journal of Materials Processing Technology, 2003, 141 (2): 256-265.

［70］ Li H, Fu M W, Lu J, et al. Ductile fracture: Experiments and computations ［J］. International Journal of Plasticity, 2011, 27 (2): 147-180.

［71］ Bron F, Besson J, Pineau A. Ductile rupture in thin sheets of two grades of 2024 aluminum alloy [J]. Materials Science and Engineering: A, 2004, 380 (1-2): 356-364.

[72] Xue F, Li F, Chen B, et al. A ductile - brittle fracture model for material ductile damage in plastic deformation based on microvoid growth [J]. Computational Materials Science, 2012, 65: 182-192.

[73] Xing M Z, Wang Y G, Jiang Z X. Dynamic Fracture Behaviors of Selected Aluminum Alloys Under Three-point Bending [J]. Defence Technology, 2013, 9 (4): 193-200.

[74] Nielsen K L, Tvergaard V. Effect of a shear modified Gurson model on damage development in a FSW tensile specimen [J]. International Journal of Solids and Structures, 2009, 46 (3-4): 587-601.

[75] Chen G, Chen Q, Qin J, et al. Effect of compound loading on microstructures and mechanical properties of 7075 aluminum alloy after severe thixoformation [J]. Journal of Materials Processing Technology, 2016, 229: 467-474.

[76] Chen S Y, Chen K H, Dong P X, et al. Effect of heat treatment on stress corrosion cracking, fracture toughness and strength of 7085 aluminum alloy [J]. Transactions of Nonferrous Metals Society of China, 2014, 24 (7): 2320-2325.

[77] Zhou Z, Kuwamura H, Nishida A. Effect of micro voids on stress triaxiality-plastic strain states of notched steels [J]. Procedia Engineering, 2011, 10: 1433-1439.

[78] Han N M, Zhang X M, Liu S D, et al. Effect of solution treatment on the strength and fracture toughness of aluminum alloy 7050 [J]. Journal of Alloys and Compounds, 2011, 509 (10): 4138-4145.

[79] Gao X, Zhang T, Hayden M, et al. Effects of the stress state on plasticity and ductile failure of an aluminum 5083 alloy [J]. International Journal of Plasticity, 2009, 25 (12): 2366-2382.

[80] Driemeier L, Brünig M, Micheli G, et al. Experiments on stress-triaxiality dependence of material behavior of aluminum alloys [J]. Mechanics of Materials, 2010, 42 (2): 207-217.

[81] Malcher L, Andrade Pires F M, César De Sá J M A. An extended GTN model for ductile fracture under high and low stress triaxiality [J]. International Journal of Plasticity, 2014, 54: 193-228.

[82] Silva C M A, Alves L M, Nielsen C V, et al. Failure by fracture in bulk metal forming [J]. Journal of Materials Processing Technology, 2015, 215: 287-298.

[83] Zadpoor A A, Sinke J, Benedictus R. Formability prediction of high strength aluminum sheets [J]. International Journal of Plasticity, 2009, 25 (12): 2269-2297.

[84] Sadrjarghouyeh J, Barati E. Fracture assessment of inclined U-notches made of aluminum 2014-T6 under prevalent Mode Ⅱ loading by means of J-integral [J]. Materials & Design, 2015, 84: 411-417.

[85] Betegón C, Del Coz J J, Peñuelas I. Implicit integration procedure for viscoplastic Gurson ma-

terials〔J〕. Computer Methods in Applied Mechanics and Engineering, 2006, 195（44-47）: 6146-6157.

〔86〕Dhal A, Panigrahi S K, Shunmugam M S. Influence of annealing on stain hardening behaviour and fracture properties of a cryorolled Al 2014 alloy〔J〕. Materials Science and Engineering: A, 2015, 645: 383-392.

〔87〕Toi Y, Kang S-S. Mesoscopic natural element analysis of elastic moduli, yield stress and fracture of solids containing a number of voids〔J〕. International Journal of Plasticity, 2005, 21（12）: 2277-2296.

〔88〕Paquet D, Ghosh S. Microstructural effects on ductile fracture in heterogeneous materials. Part I: Sensitivity analysis with LE-VCFEM〔J〕. Engineering Fracture Mechanics, 2011, 78（2）: 205-225.

〔89〕Chu C C, Needleman A. Void Nucleation Effects in Biaxially Stretched Sheets〔J〕. Journal of Engineering Materials and Technology, 1980, 102（3）: 249-256.

〔90〕Ren B, Li S. Modeling and simulation of large-scale ductile fracture in plates and shells〔J〕. International Journal of Solids and Structures, 2012, 49（18）: 2373-2393.

〔91〕Kim J, Gao X, Srivatsan T S. Modeling of void growth in ductile solids: effects of stress triaxiality and initial porosity〔J〕. Engineering Fracture Mechanics, 2004, 71（3）: 379-400.

〔92〕Nahshon K, Xue Z. A modified Gurson model and its application to punch-out experiments〔J〕. Engineering Fracture Mechanics, 2009, 76（8）: 997-1009.

〔93〕Liu W K, Hao S, Belytschko T, et al. Multiple scale meshfree methods for damage fracture and localization〔J〕. Computational Materials Science, 1999, 16（1-4）: 197-205.

〔94〕Bai Y, Wierzbicki T. A new model of metal plasticity and fracture with pressure and Lode dependence〔J〕. International Journal of Plasticity, 2008, 24（6）: 1071-1096.

〔95〕Morin L, Kondo D, Leblond J-B. Numerical assessment, implementation and application of an extended Gurson model accounting for void size effects〔J〕. European Journal of Mechanics-A/Solids, 2015, 51: 183-192.

〔96〕伍开松, 佘月明, 张新政, 等. 用接触有限元研究胶筒系统的力学行为〔J〕. 石油矿场机械, 2006, 35（3）: 23-26.

〔97〕吴勇军, 王建军. 一种考虑齿轮副连续啮合过程的接触有限元动力学分析方法〔J〕. 航空动力学报, 2013, 28（5）: 1192-1200.

〔98〕王福军. 冲击接触问题有限元法并行计算及其工程应用〔D〕. 北京: 清华大学, 2000.

〔99〕亓文果, 金先龙, 张晓云. 冲击-接触问题有限元仿真的并行计算〔J〕. 振动与冲击, 2006, 25（4）: 68-72, 176-177.

〔100〕黄亚玲, 秦大同, 罗同云, 等. 基于ANSYS的斜齿轮接触非线性有限元分析〔J〕. 四川兵工学报, 2006, 27（4）: 31-33, 39.

〔101〕胡美燕, 姜献峰. 有限元分析法在接触现象中的应用研究〔J〕. 机电工程, 2003, 20（5）: 160-162.

[102] 常崇义. 有限元轮轨滚动接触理论及其应用研究 [D]. 北京：中国铁道科学研究院，2010.

[103] 程红梁. 接触碰撞问题的算法研究 [D]. 南京：南京航空航天大学，2007.

[104] 孙大刚，宋勇，林慕义，等. 黏弹性悬架阻尼缓冲件动态接触有限元建模研究 [J]. 农业工程学报，2008，24（1）：24-28.

[105] 伍开松，朱铁军，侯万勇，等. 胶筒系统接触有限元优化设计 [J]. 西南石油学院学报，2006，28（6）：88-90，117-118.

[106] 周相荣，王强，王宝珍. 一种基于 Yeoh 函数的非线性粘超弹本构模型及其在冲击仿真中的应用 [J]. 振动与冲击，2007，26（5）：33-37，151.

[107] 罗家元，朱才朝，李大峰，等. 7075 铝合金拉伸残余应力数值模拟及实验测试 [J]. 重庆大学学报，2011，34（9）：33-38.

[108] 王秋成. 航空铝合金残余应力消除及评估技术研究 [D]. 杭州：浙江大学，2003.

[109] 袁望姣，吴运新. 基于 ANSYS 的铝合金厚板淬火过程热力耦合数值分析 [J]. 中南大学学报（自然科学版），2010，41（6）：2207-2212.

[110] 李大峰，丁华锋，刘立斌，等. 7075 铝合金板淬火残余应力模拟及实验研究 [J]. 机械研究与应用，2012（3）：92-95.

[111] 罗家元，朱才朝，李大峰，等. 7075 铝合金拉伸残余应力数值模拟及实验测试 [J]. 重庆大学学报，2011（9）：33-38.

[112] 朱才朝，罗家元. Stretch rate and deformation for pre-stretching aluminum alloy sheet [J]. Journal of Central South University，2012（4）：875-881.

[113] 李少远，姜贵林，王洪光，等. 带橡胶缓冲垫的出弹装置碰撞有限元分析 [J]. 应用科技，2014（1）：75-79.

[114] 朱才朝，罗家元，李大峰，等. 基于流变应力特性的铝合金淬火残余应力数值模拟及试验研究 [J]. 机械工程学报，2010（22）：41-46.

[115] 丁华锋，朱才朝，李大峰，等. 考虑淬火残余应力铝合金厚板中椭圆裂纹 I 型强度因子计算 [J]. 中国有色金属学报，2012，22（12）：3320-3326.

[116] Yadav S, Saldana C, Murthy T G. Deformation field evolution in indentation of a porous brittle solid [J]. International Journal of Solids and Structures，2015，66：35-45.

[117] 李萌. 腿式着陆缓冲装置吸能特性及软着陆过程动力学仿真研究 [D]. 哈尔滨：哈尔滨工业大学，2013.